南海岛礁渔业资源丛书

南海岛礁鱼类耳石图谱

王 腾 刘 永 李纯厚 肖雅元 / 主编

中国农业出版社
北 京

图书在版编目 (CIP)数据

南海岛礁鱼类耳石图谱 / 王腾等主编. —北京：
中国农业出版社，2022.10
ISBN 978-7-109-30013-2

Ⅰ.①南… Ⅱ.①王… Ⅲ.①南海－海产鱼类－耳石
－图谱 Ⅳ.①Q959.400.4-64

中国版本图书馆CIP数据核字 (2022) 第171371号

南海岛礁鱼类耳石图谱
NANHAI DAOJIAO YULEI ERSHI TUPU

中国农业出版社出版

地址：北京市朝阳区麦子店街18号楼
邮编：100125
责任编辑：杨晓改
版式设计：杜 然 责任校对：吴丽婷
印刷：北京通州皇家印刷厂
版次：2022年10月第1版
印次：2022年10月北京第1次印刷
发行：新华书店北京发行所
开本：880 mm×1230 mm 1/16
印张：19.5
字数：550千字
定价：198.00 元

前言

南海地处热带、亚热带海域，是我国最大的一片海域。珊瑚礁是南海最具特色和最为重要的生态系统之一，因其生物多样性极高而被称为"海洋中的热带雨林"。

自 2018 年来，本研究团队持续对南海岛礁附近海域，特别是珊瑚礁海域进行了渔业资源调查，主要调查的海域有珠江口万山群岛海域、广东徐闻珊瑚礁海域、海南岛陵水珊瑚礁海域、西沙群岛海域及南沙美济礁海域，收集、整理完成了 300 多种岛礁鱼类耳石图片的编辑工作。

耳石是鱼类内耳中的钙质沉积体，主要矿物成分是 $CaCO_3$，由于在形成过程中其轮纹形态结构及化学组成十分稳定，记录有丰富的生物-物理-化学环境信息，因而被广泛地用于鱼类生活史、生活史重建及海洋环境变化的研究。耳石形态由遗传和环境两个主要因素决定，具有种的特异性，因此可用于物种的鉴定。本书收集、整理的耳石图谱一方面为南海岛礁鱼类研究提供了基础资料，另一方面本书标注了每一个耳石的采集地，也能够作为鱼类生物地理学的工具用书。

本书的编辑出版得到了国家重点研发计划项目 (2018YFD0900803、2019YFD0901204、

2019YFD0901201)、农业农村部财政专项 (NFZX2021)、广东省基础与应用基础研究重大项目课题（2019B030302004-05）、海南省自然科学基金创新团队项目（322CXTD530）、广东省基础与应用基础研究基金项目（2019B1515120065）、广东省科技计划项目（2019B121201001）、南方海洋科学与工程广东省实验室（广州）人才团队引进重大专项 (GML2019ZD0605)、中国水产科学研究院基本科研业务费项目 (2020TD16) 和中国水产科学研究院南海水产研究所中央级公益性科研院所基本科研业务费专项资金项目 (2021SD04、2019TS28) 等的资助。

编　者

2022 年 5 月

目录

前言

鳗鲡目

拟穴美体鳗

Ariosoma anagoides (Bleeker, 1853)

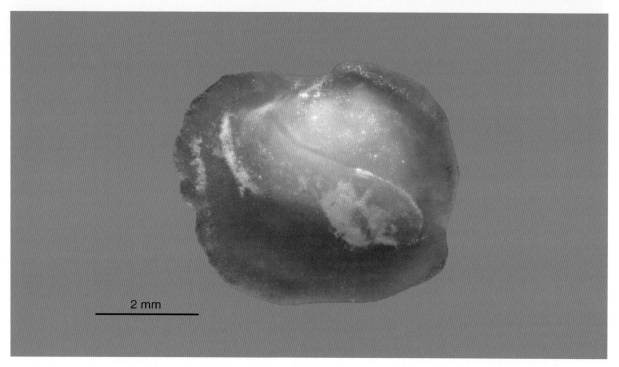

2 mm

（采样地点：珠江口）

白缘裸胸鳝

Gymnothorax albimarginatus (Temminck &Schlegel, 1846)

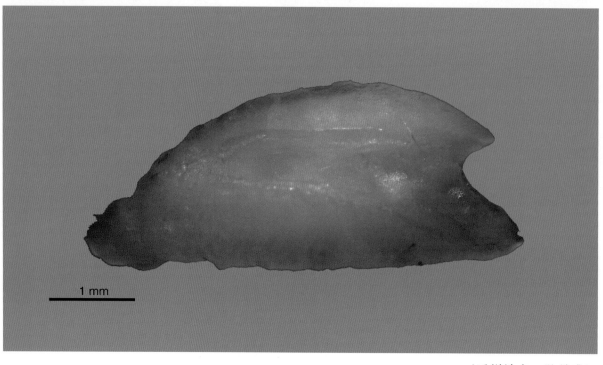

1 mm

（采样地点：羚羊礁）

云纹裸胸鳝

Gymnothorax chilospilus Bleeker, 1864

1 mm

（采样地点：徐闻）

花斑裸胸鳝

Gymnothorax pictus (Ahl, 1789)

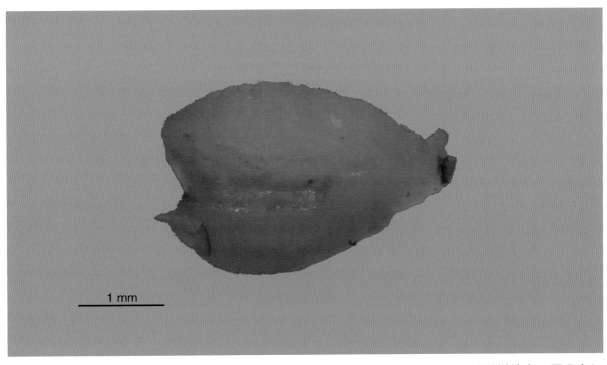

1 mm

（采样地点：晋卿岛）

密点裸胸鳝

Gymnothorax thyrsoideus (Richardson, 1845)

1 mm

（采样地点：珠江口）

细斑裸胸鳝

Gymnothorax fimbriatus (Bennett, 1832)

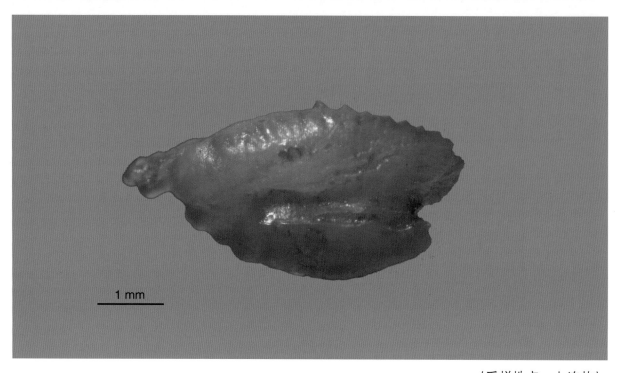

1 mm

（采样地点：七连屿）

波纹裸胸鳝

Gymnothorax undulatus **(Lacepède, 1803)**

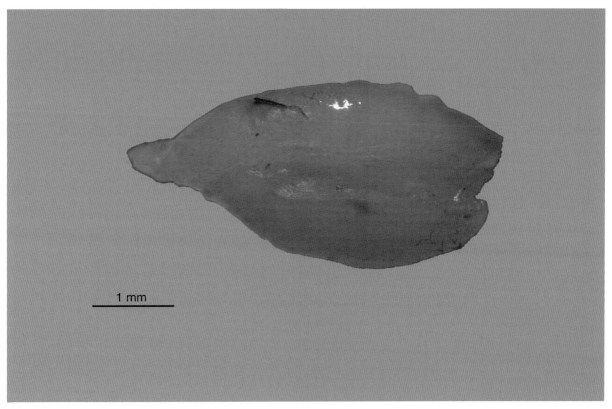

（采样地点：晋卿岛）

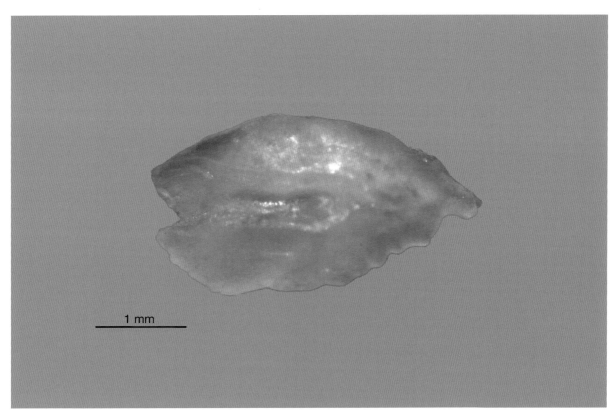

（采样地点：七连屿）

爪哇裸胸鳝

Gymnothorax javanicus (Bleeker, 1859)

2 mm

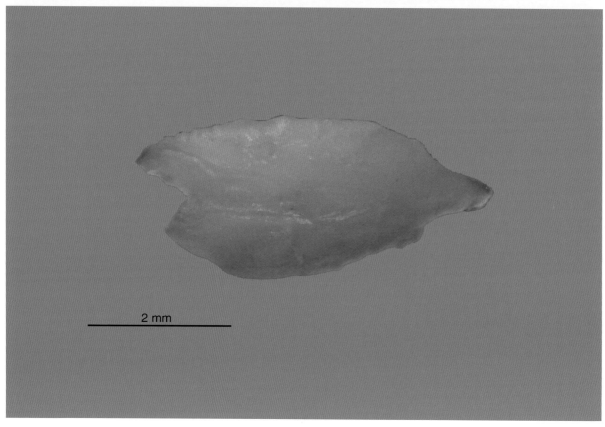

2 mm

爪哇裸胸鳝

（采样地点：七连屿）

食蟹豆齿鳗

Pisodonophis cancrivorus **(Richardson, 1848)**

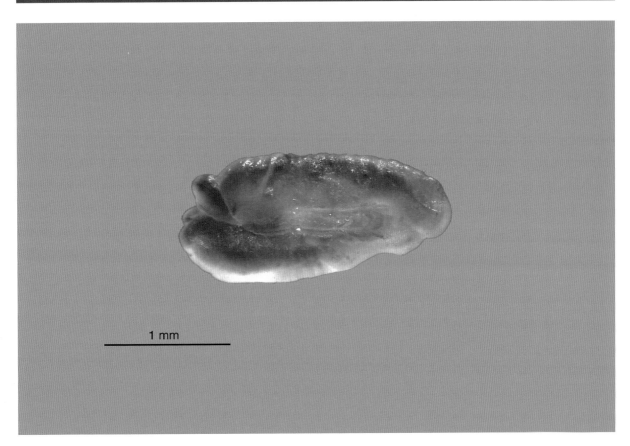

1 mm

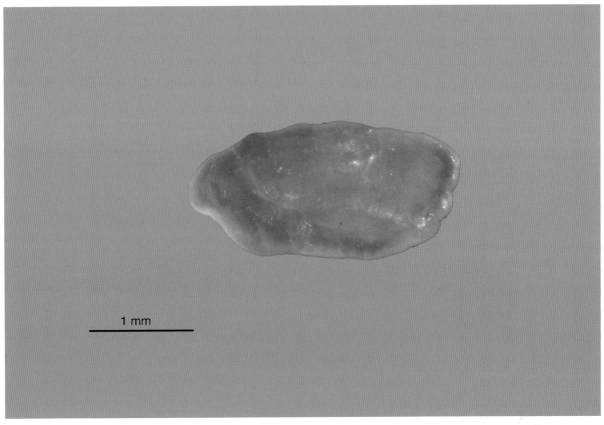

1 mm

（采样地点：徐闻）

Aulopiformes

仙女鱼目

云纹蛇鲻

Saurida nebulosa Valenciennes, 1850

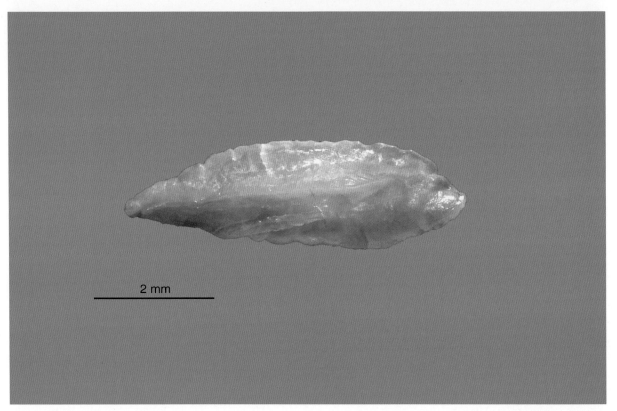

2 mm

（采样地点：东岛）

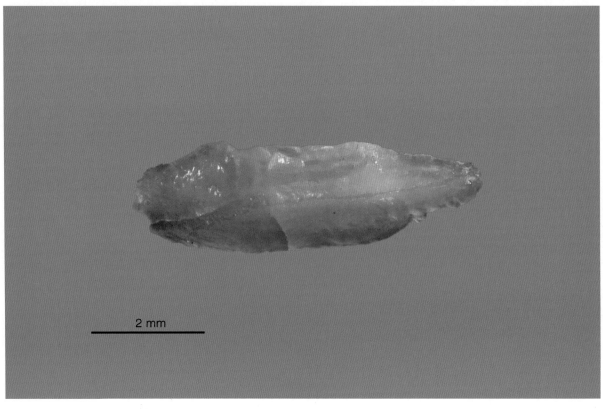

2 mm

（采样地点：七连屿）

多齿蛇鲻

Saurida tumbil (Bloch, 1795)

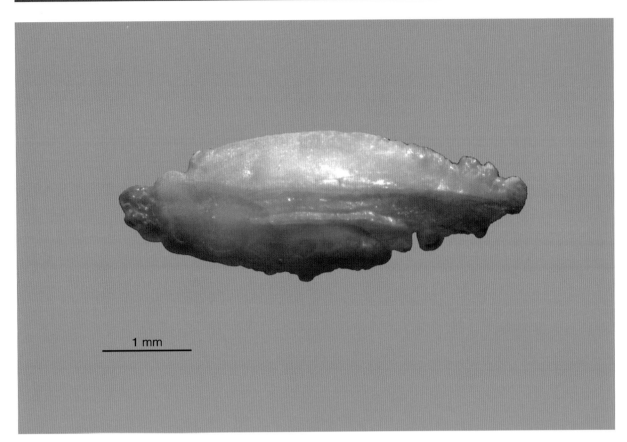

1 mm

1 mm

（采样地点：珠江口）

长体蛇鲻

Saurida elongata (Temminck & Schlegel, 1846)

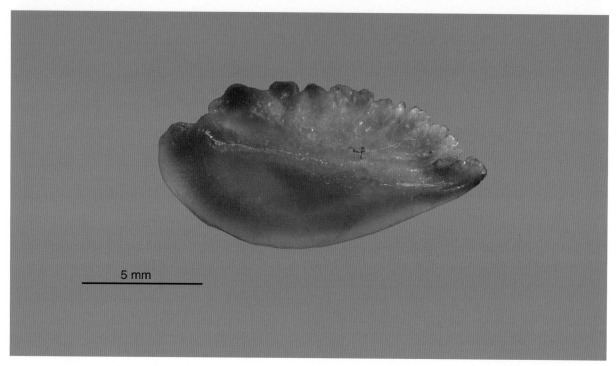

5 mm

（采样地点：珠江口）

大头狗母鱼

Trachinocephalus myops (Forster, 1801)

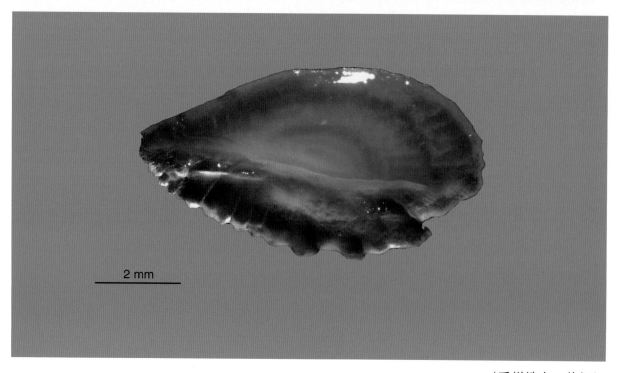

2 mm

（采样地点：徐闻）

龙头鱼

Harpadon nehereus (Hamilton, 1822)

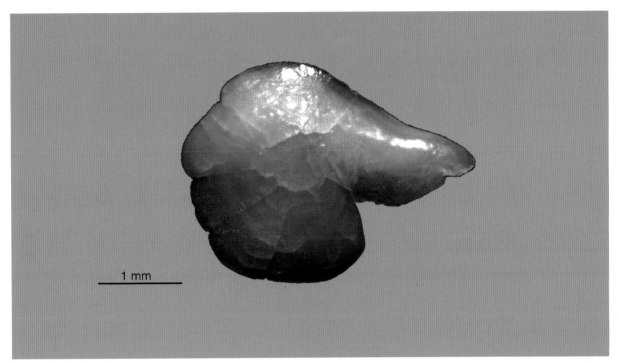

（采样地点：珠江口）

Beloniformes

颌针鱼目

黑背圆颌针鱼

Tylosurus acus subsp. _melanotus_ (Bleeker, 1850)

2 mm

（采样地点：晋卿岛）

2 mm

黑背圆颌针鱼

（采样地点：七连屿）

鳄形圆颌针鱼

Tylosurus crocodilus subsp. *crocodilus* (Péron & Lesueur, 1821)

2 mm

2 mm

（采样地点：徐闻）

杜氏下鱵鱼

Hyporhamphus dussumieri (Valenciennes, 1847)

2 mm

2 mm

（采样地点：徐闻）

Beryciformes

金 眼 鯛 目

黑鳍新东洋鳂

Neoniphon opercularis (Valenciennes, 1831)

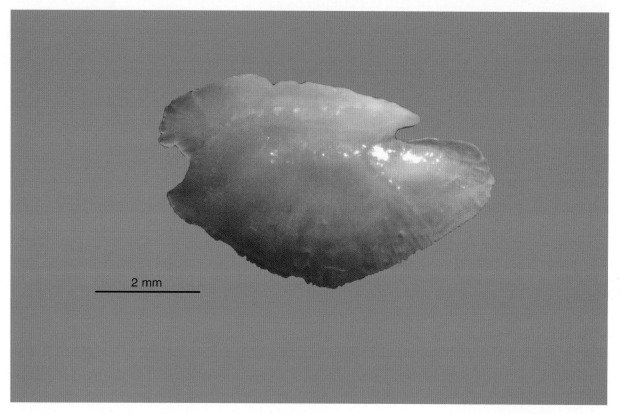

2 mm

（采样地点：东岛）

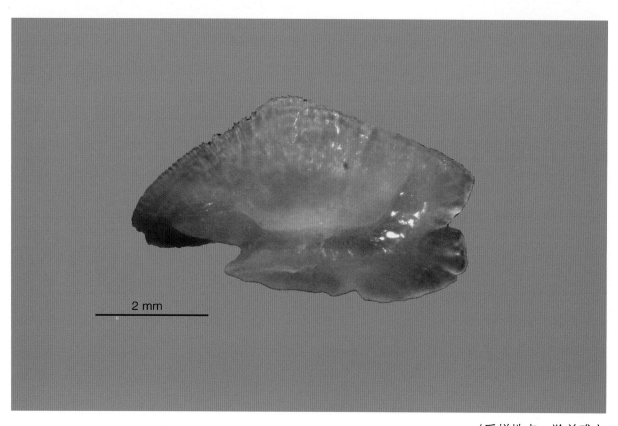

2 mm

（采样地点：羚羊礁）

莎姆新东洋鳂

Neoniphon sammara (Forsskål, 1775)

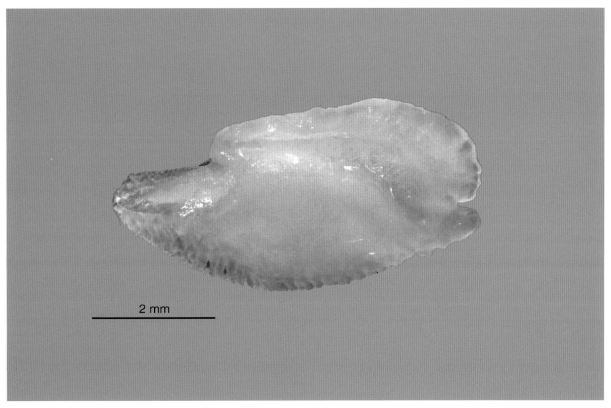

2 mm

（采样地点：东岛）

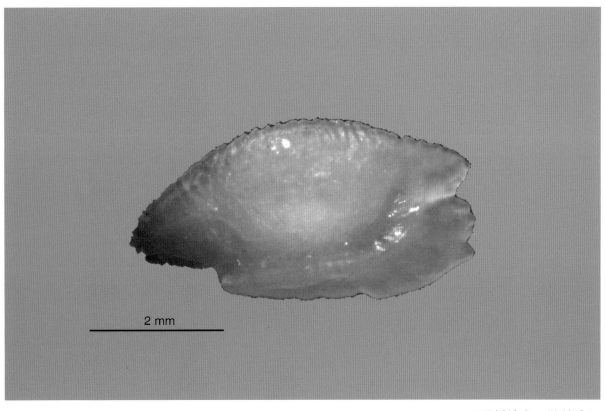

2 mm

（采样地点：羚羊礁）

尖吻棘鳞鱼

Sargocentron spiniferum (Forsskål, 1775)

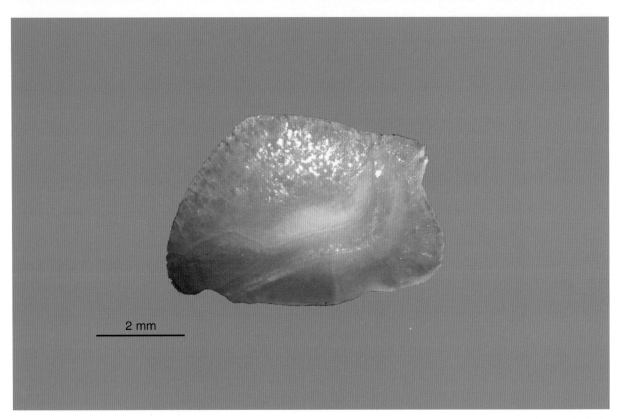

2 mm

（采样地点：东岛）

2 mm

（采样地点：七连屿）

斑纹棘鳞鱼

Sargocentron punctatissimum (Cuvier, 1829)

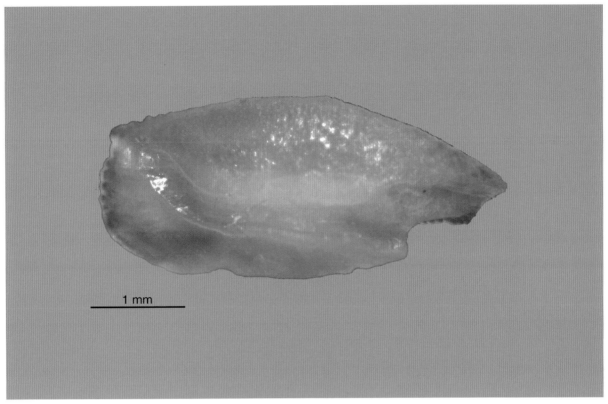

1 mm

（采样地点：羚羊礁）

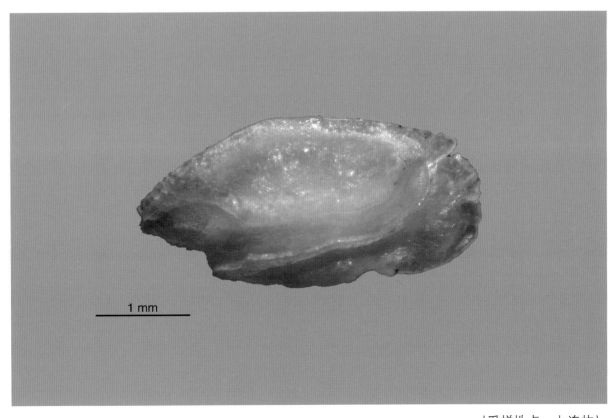

1 mm

（采样地点：七连屿）

金眼鲷目　023

尾斑棘鳞鱼

Sargocentron caudimaculatum (Rüppell, 1838)

2 mm

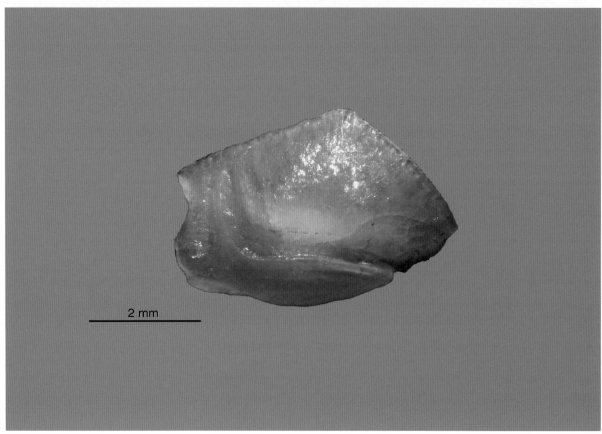

2 mm

（采样地点：东岛）

无斑锯鳞鱼

Myripristis vittata **Valenciennes, 1831**

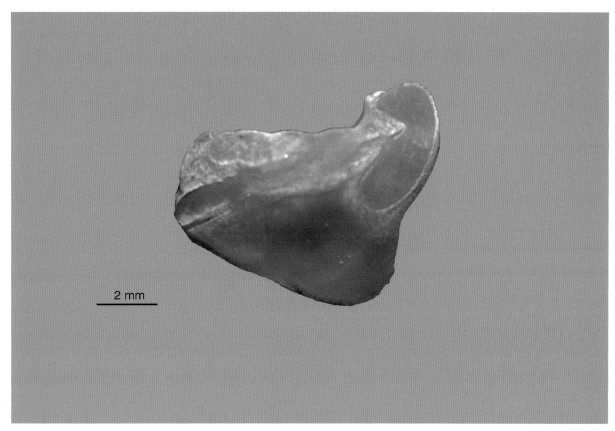

2 mm

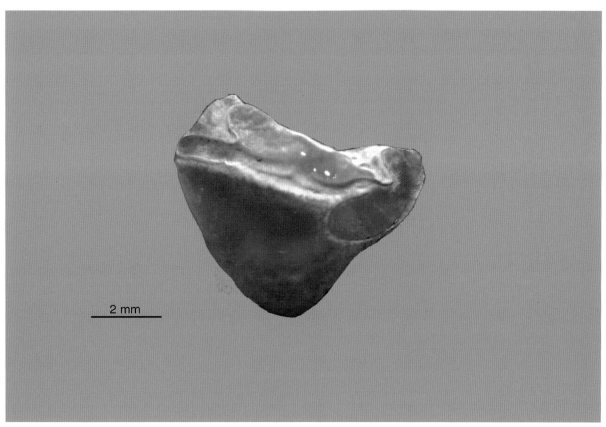

2 mm

（采样地点：七连屿）

赤鳍棘鳞鱼

Sargocentron tiere (Cuvier, 1829)

2 mm

（采样地点：东岛）

尾斑棘鳞鱼

Sargocentron caudimaculatum (Rüppell, 1838)

2 mm

（采样地点：晋卿岛）

点带棘鳞鱼

Sargocentron rubrum (Forsskål, 1775)

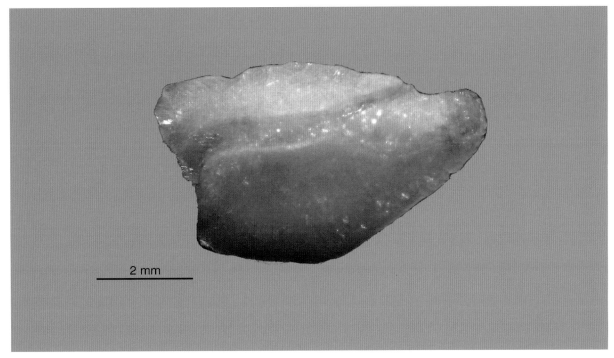

2 mm

（采样地点：七连屿）

黑点棘鳞鱼

Sargocentron melanospilos (Bleeker, 1858)

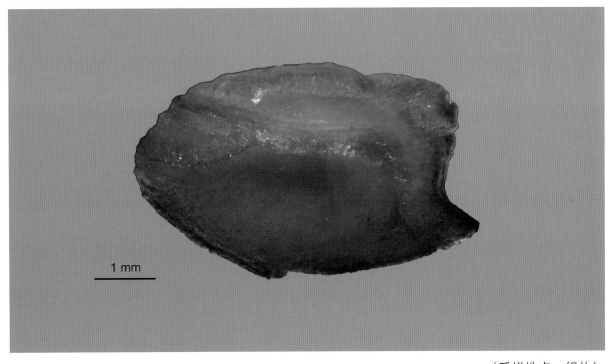

1 mm

（采样地点：银屿）

紫红锯鳞鱼

Myripristis violacea Bleeker, 1851

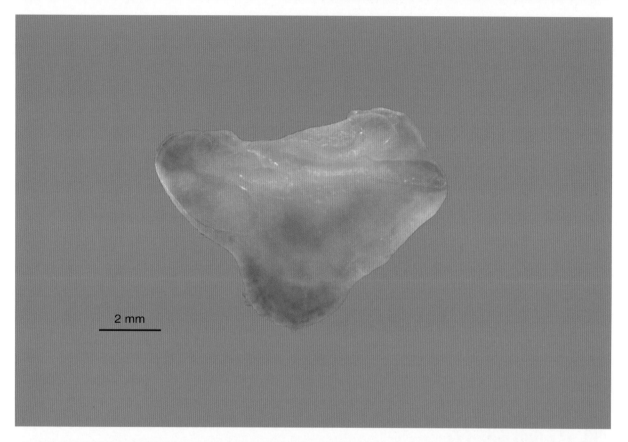

2 mm

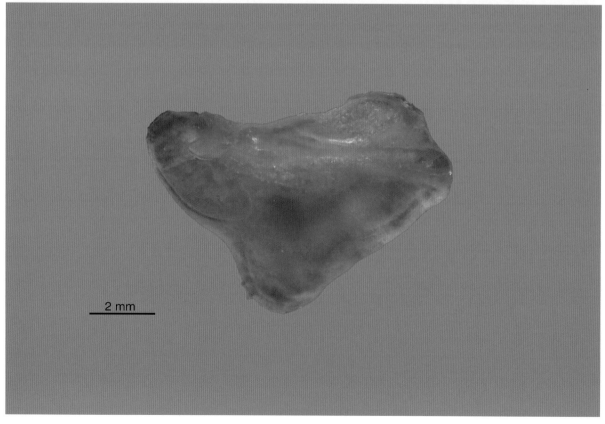

2 mm

（采样地点：东岛）

康德锯鳞鱼

Myripristis kuntee **Valenciennes, 1831**

2 mm

2 mm

（采样地点：晋卿岛）

黑鳍棘鳞鱼

Sargocentron diadema (Lacepède, 1802)

1 mm

（采样地点：东岛）

1 mm

黑鳍棘鳞鱼

（采样地点：七连屿）

白边锯鳞鱼

Myripristis murdjan **(Forsskål, 1775)**

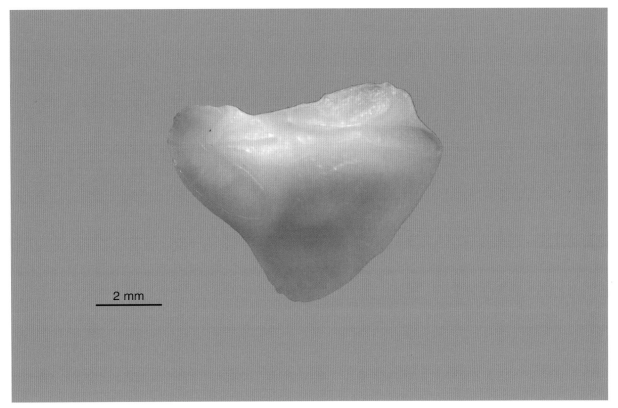

2 mm

（采样地点：七连屿）

Clupeiformes

鲱形目

宝刀鱼

Chirocentrus dorab (Forsskål, 1775)

1 mm

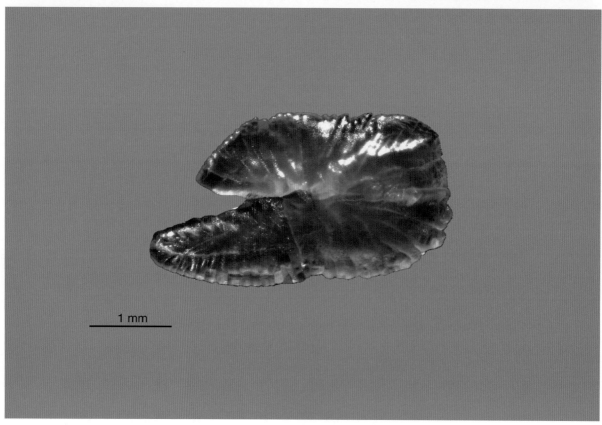

1 mm

（采样地点：徐闻）

鳓

Ilisha elongata (Bennett, 1830)

2 mm

2 mm

（采样地点：珠江口）

鲱形目　035

圆吻海鰶

Nematalosa nasus (Bloch, 1795)

2 mm

（采样地点：徐闻）

斑鰶

Konosirus punctatus (Temminck & Schlegel, 1846)

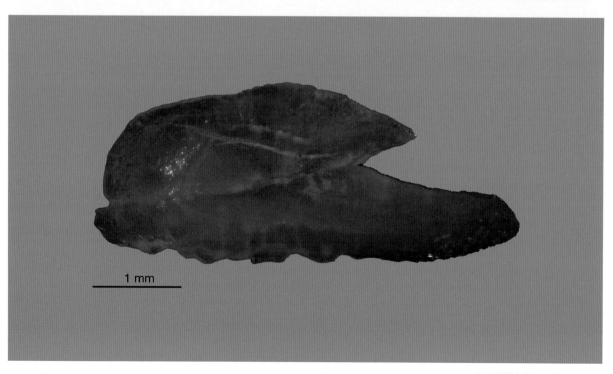

1 mm

（采样地点：珠江口）

花鰶

Clupanodon thrissa (Linnaeus, 1758)

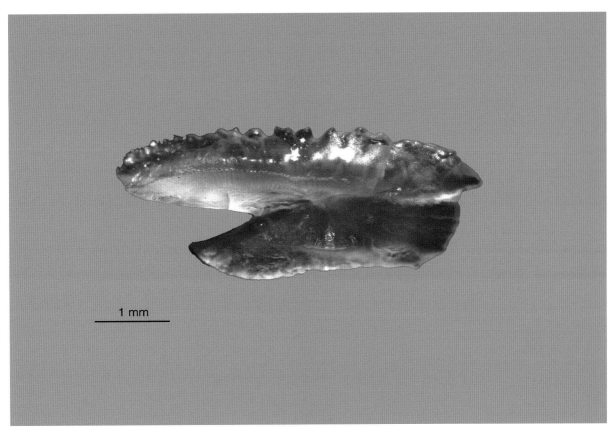

1 mm

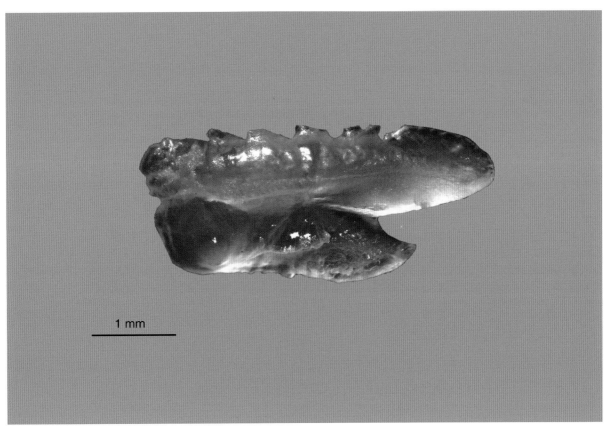

1 mm

（采样地点：珠江口）

锤氏小沙丁鱼

Sardinella zunasi (Bleeker, 1854)

1 mm

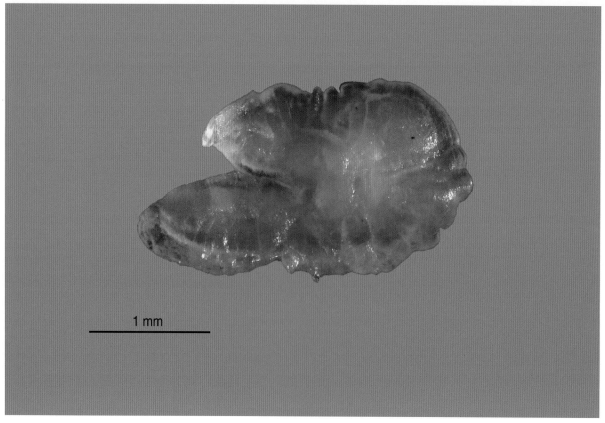

1 mm

锤氏小沙丁鱼

（采样地点：珠江口）

凤鲚

Coilia mystus (Linnaeus, 1758)

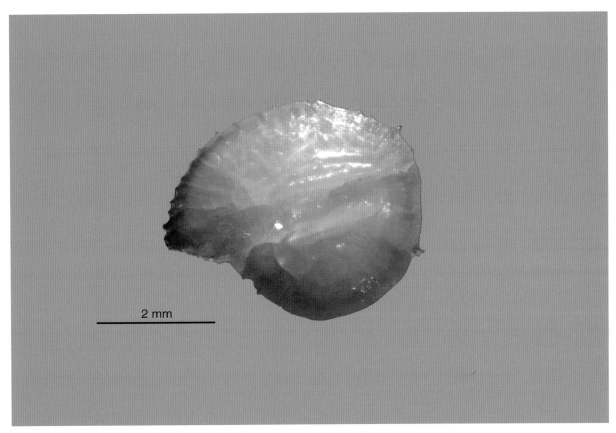

2 mm

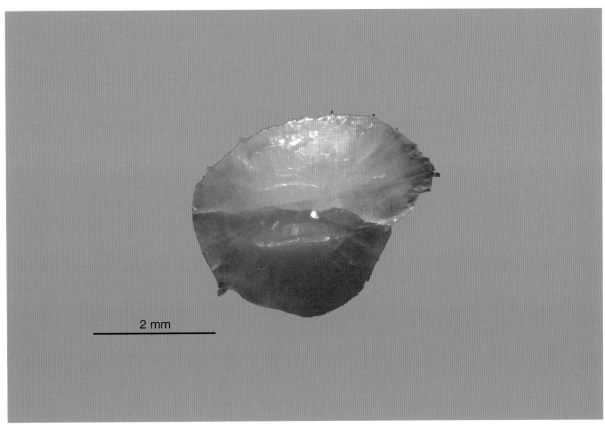

2 mm

（采样地点：珠江口）

中颌棱鳀

Thryssa mystax (Bloch & Schneider, 1801)

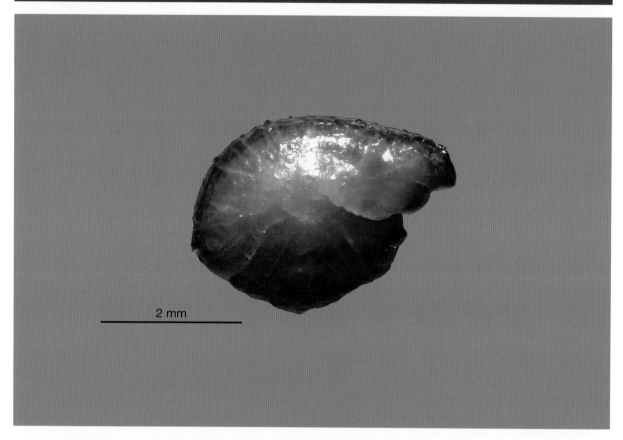

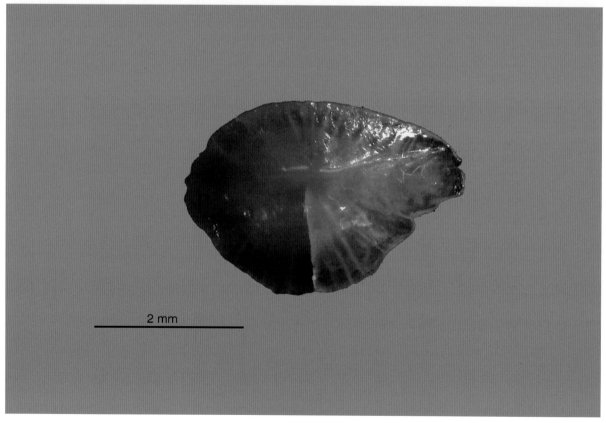

（采样地点：珠江口）

赤鼻棱鳀

Thryssa kammalensis (Bleeker, 1849)

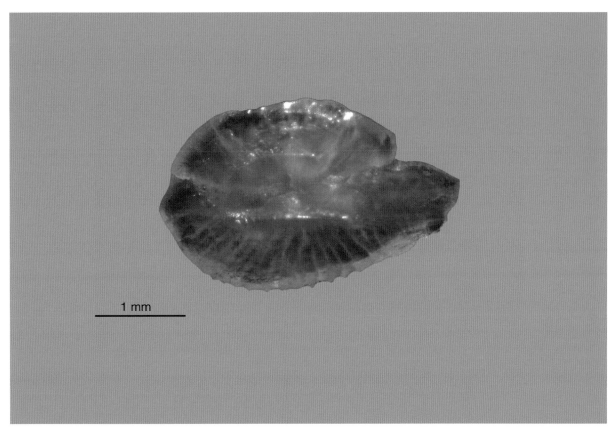

1 mm

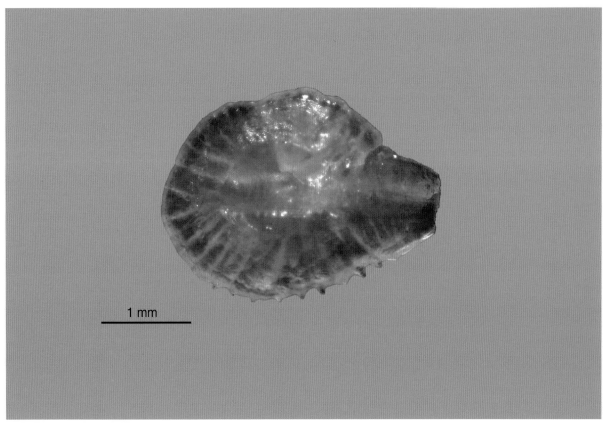

1 mm

（采样地点：珠江口）

中华侧带小公鱼

Stolephorus chinensis (Günther, 1880)

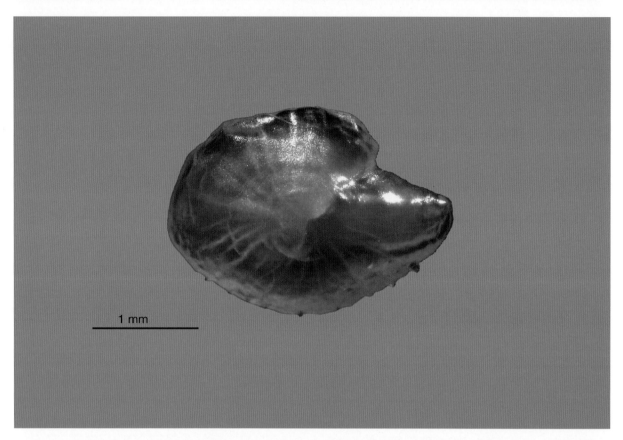

1 mm

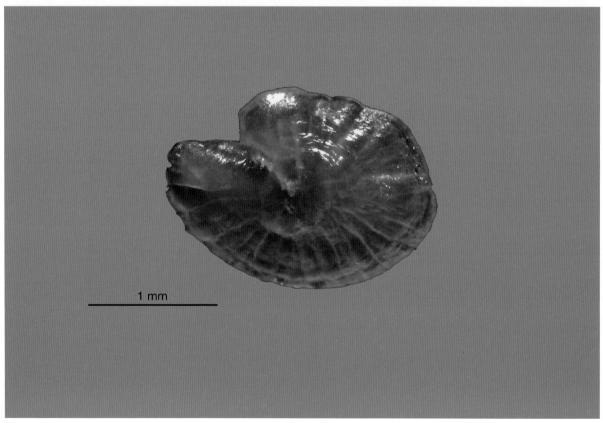

1 mm

（采样地点：珠江口）

汉氏棱鳀

Thryssa hamiltonii Gray, 1835

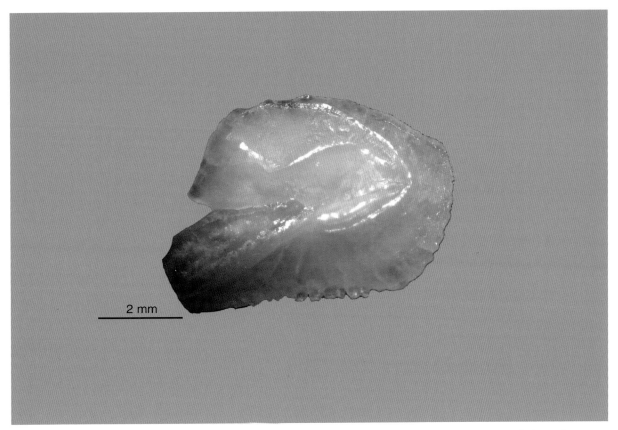

2 mm

（采样地点：珠江口）

刺鱼目

Gasterosteiformes

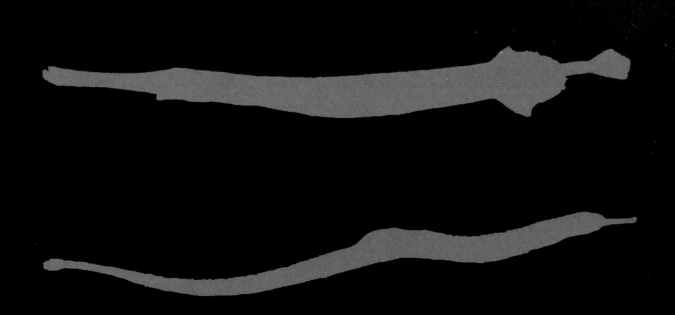

中华管口鱼

Aulostomus chinensis (Linnaeus, 1766)

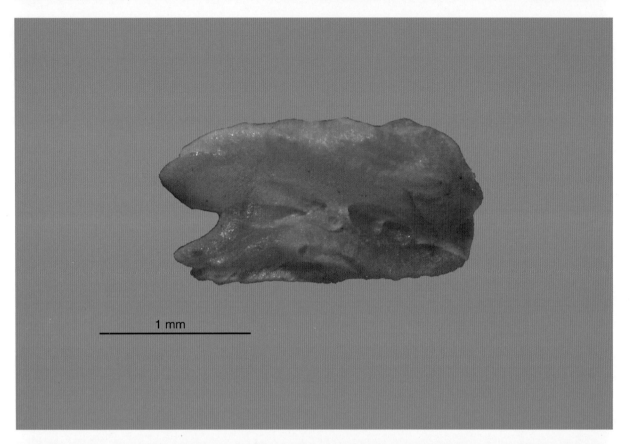

1 mm

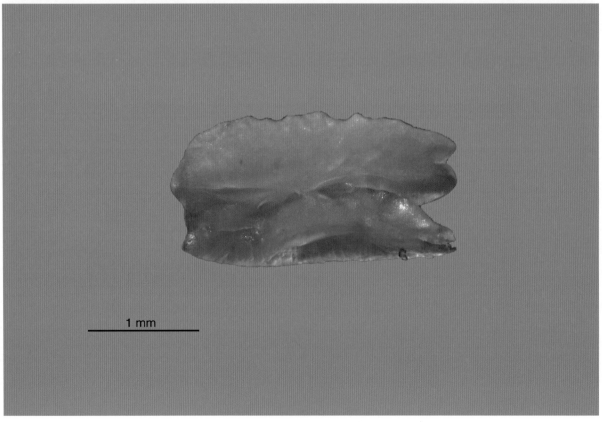

1 mm

（采样地点：七连屿）

鯔形目

Mugiliformes

角瘤唇鲻

Oedalechilus labiosus (Valenciennes, 1836)

2 mm

2 mm

（采样地点：七连屿）

前鳞骨鲻

Osteomugil ophuyseni (Bleeker, 1858)

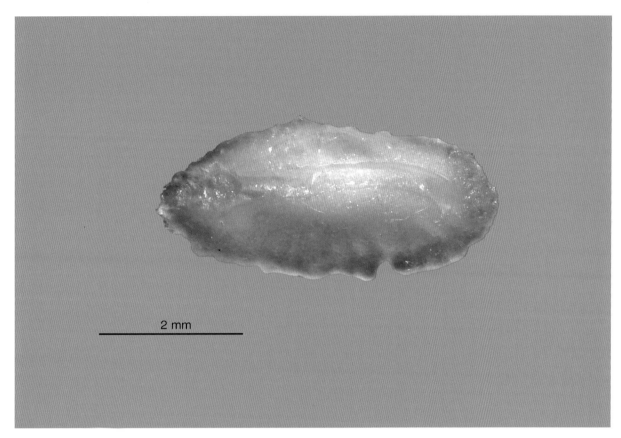

2 mm

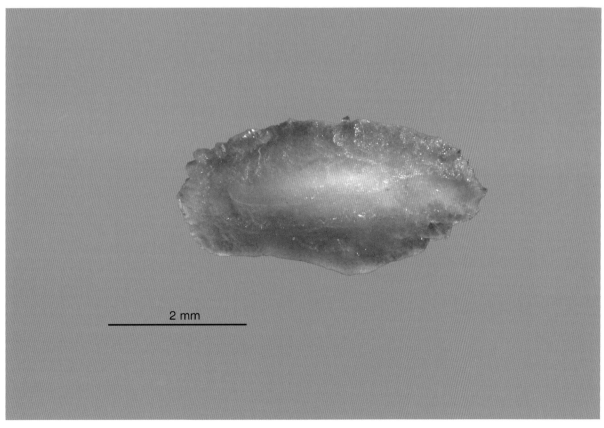

2 mm

（采样地点：珠江口）

Perciformes

鲈形目

纵带刺尾鱼

Acanthurus lineatus (Linnaeus, 1758)

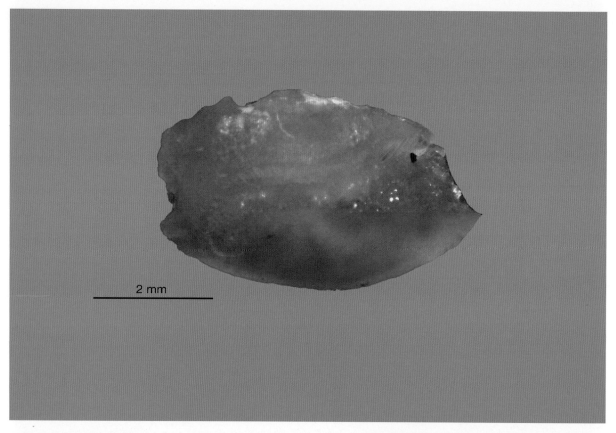

2 mm

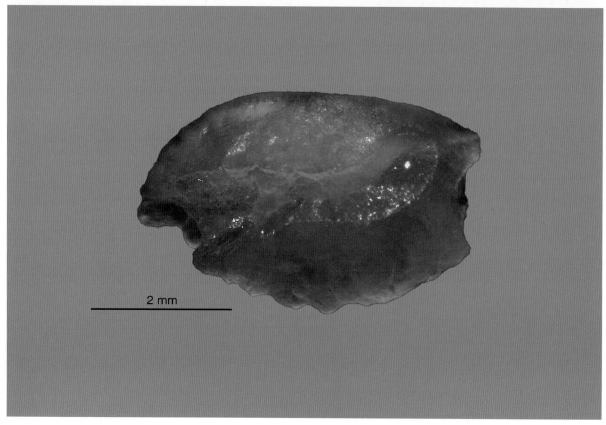

2 mm

（采样地点：东岛）

横带高鳍刺尾鱼

Zebrasoma velifer (Bloch, 1795)

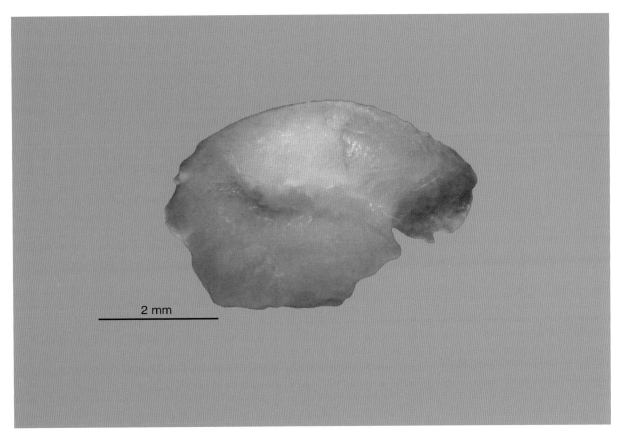

2 mm

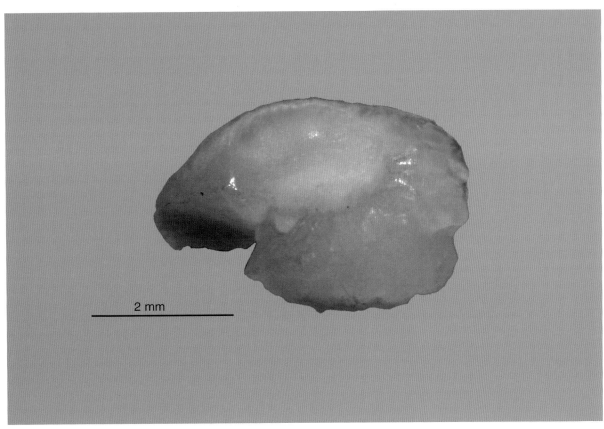

2 mm

（采样地点：东岛）

栉齿刺尾鱼

Ctenochaetus striatus (Quoy & Gaimard, 1825)

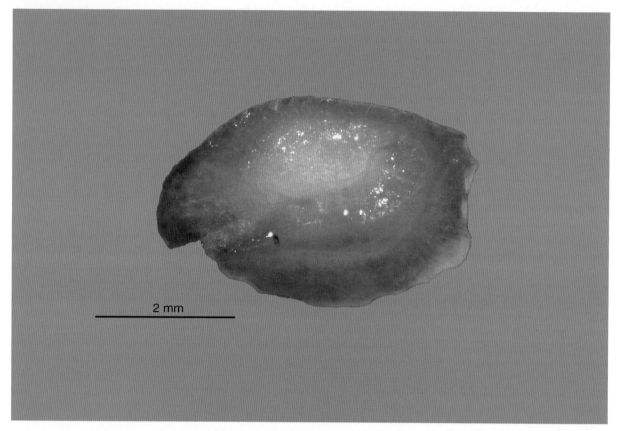

2 mm

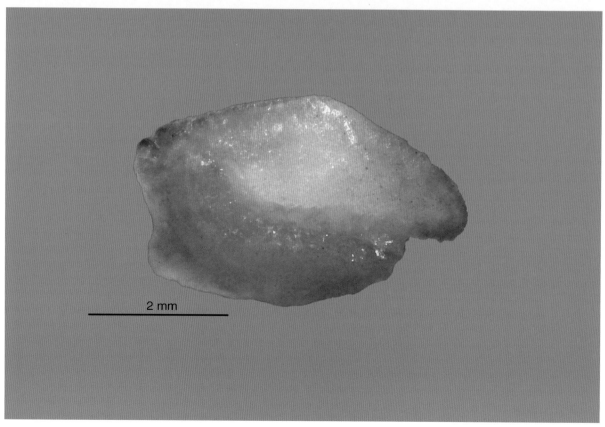

2 mm

栉齿刺尾鱼

（采样地点：东岛）

双斑栉齿刺尾鱼

Ctenochaetus binotatus Randall, 1955

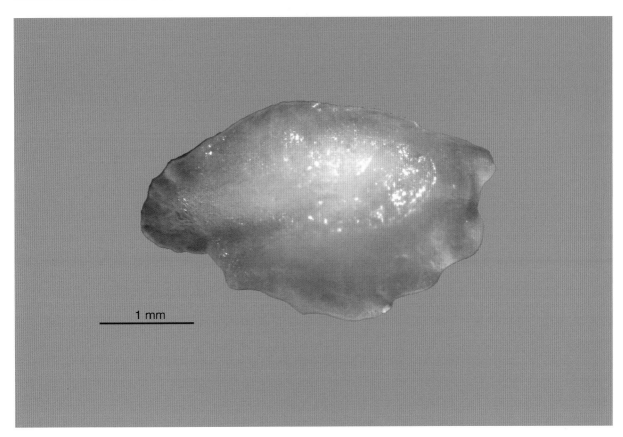

1 mm

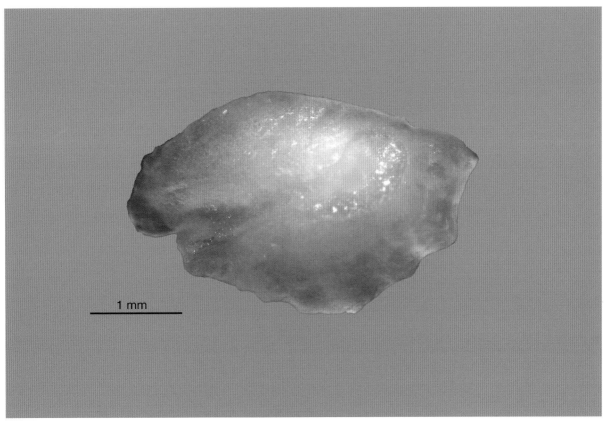

1 mm

双斑栉齿刺尾鱼

（采样地点：东岛）

横带刺尾鱼

Acanthurus triostegus (Linnaeus, 1758)

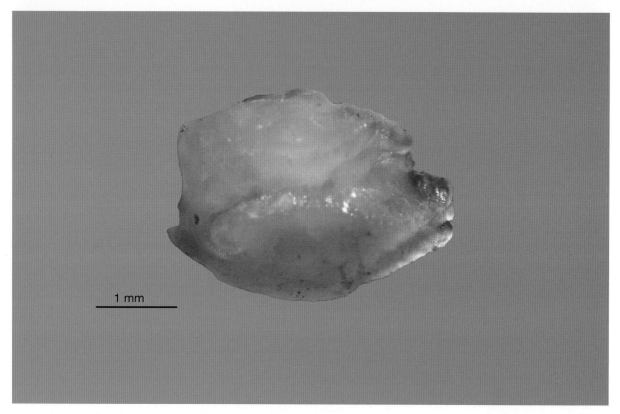

（采样地点：七连屿）

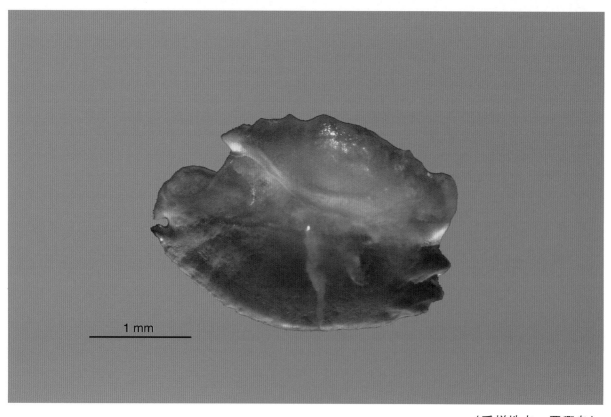

（采样地点：晋卿岛）

橙斑刺尾鱼

Acanthurus olivaceus **Bloch & Schneider, 1801**

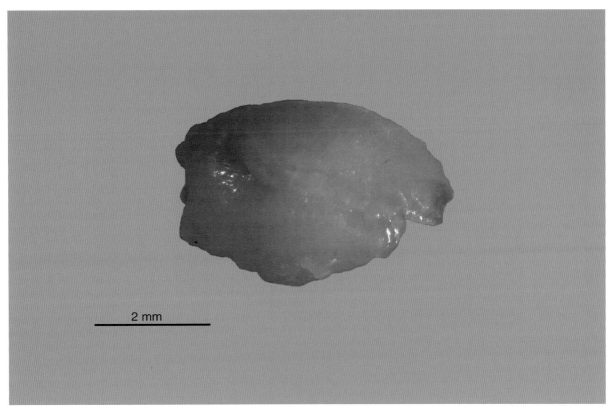

2 mm

（采样地点：美济礁）

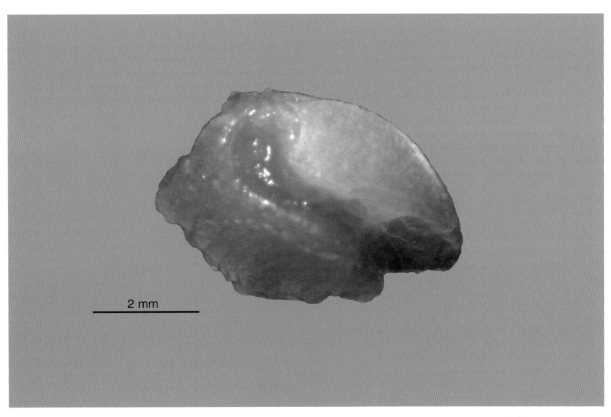

2 mm

（采样地点：七连屿）

黑尾刺尾鱼

Acanthurus nigricauda Duncker & Mohr, 1929

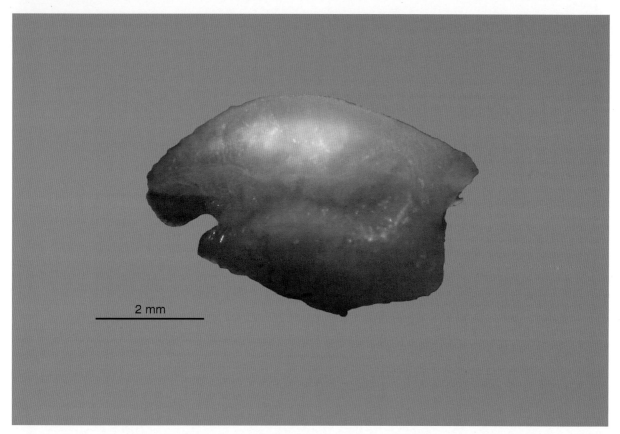

2 mm

2 mm

黑尾刺尾鱼

（采样地点：七连屿）

灰额刺尾鱼
Acanthurus glaucopareius Cuvier

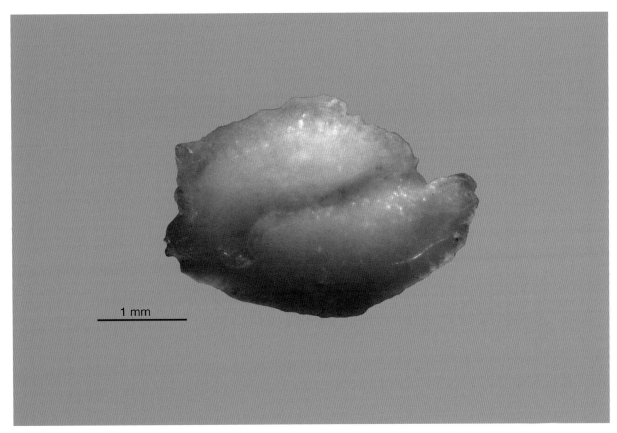

1 mm

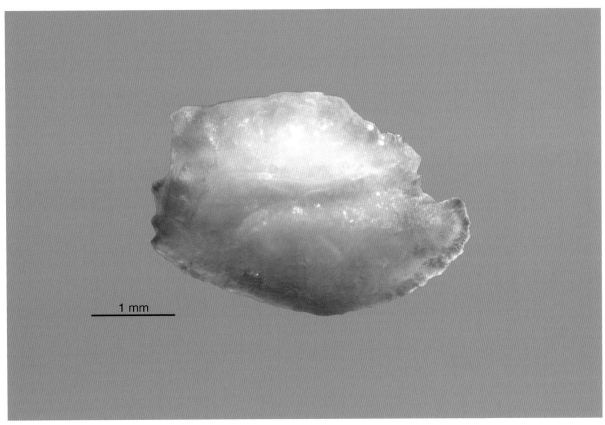

1 mm

（采样地点：七连屿）

黑鳃刺尾鱼

Acanthurus pyroferus Kittlitz, 1834

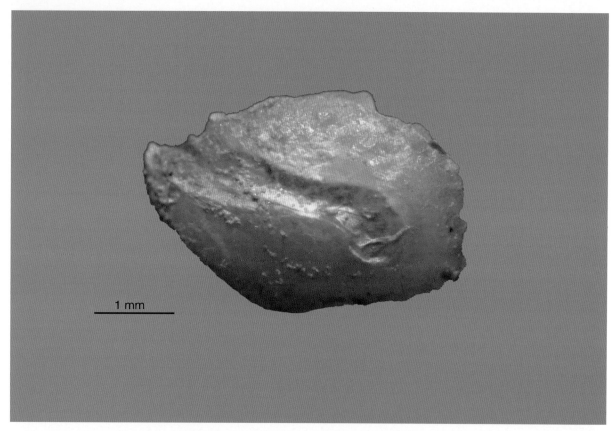

1 mm

1 mm

黑鳃刺尾鱼

（采样地点：七连屿）

小高鳍刺尾鱼

Zebrasoma scopas (Cuvier, 1829)

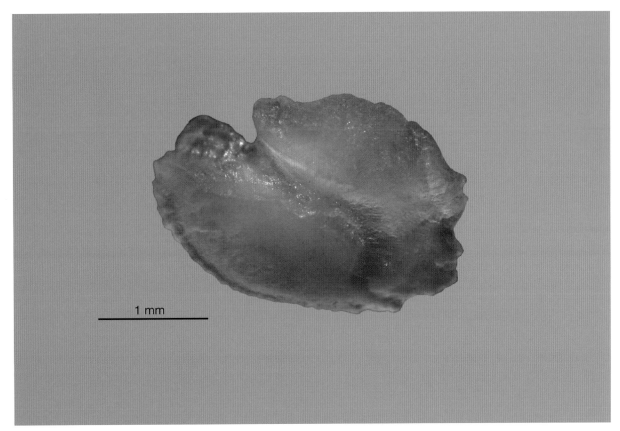

1 mm

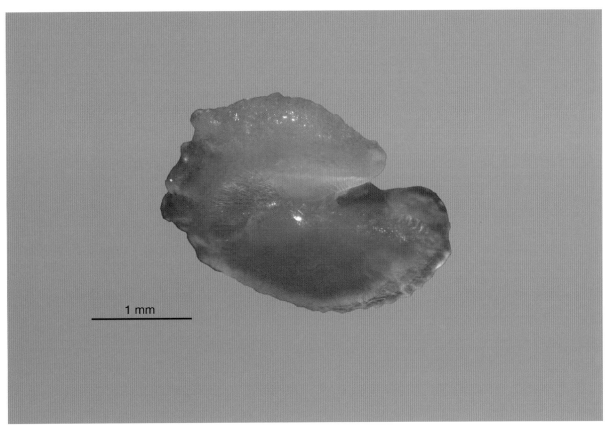

1 mm

（采样地点：七连屿）

颊吻鼻鱼

Naso lituratus (Forster, 1801)

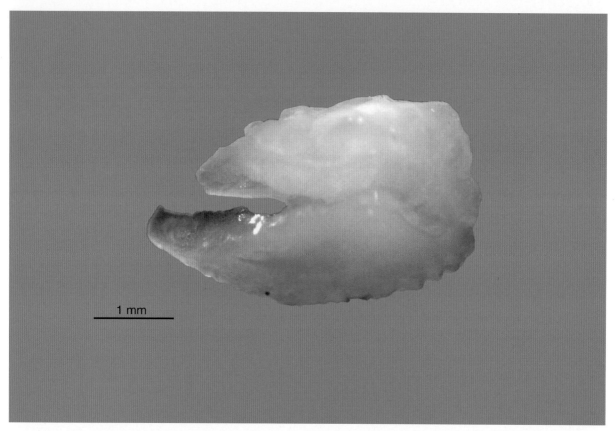

1 mm

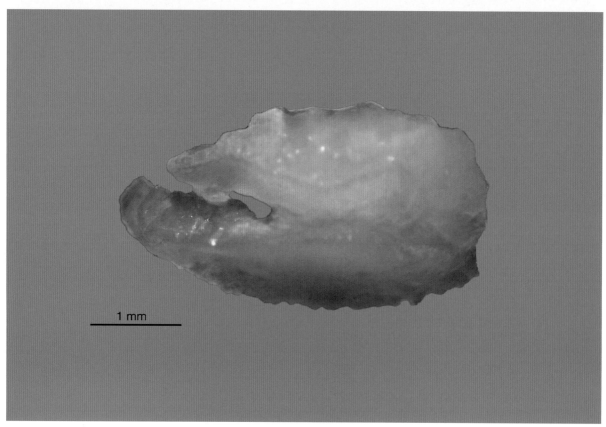

1 mm

（采样地点：东岛）

单角鼻鱼

Naso unicornis (Forsskål, 1775)

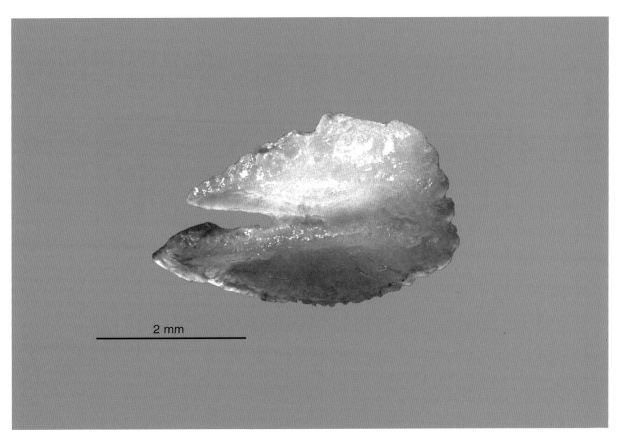

2 mm

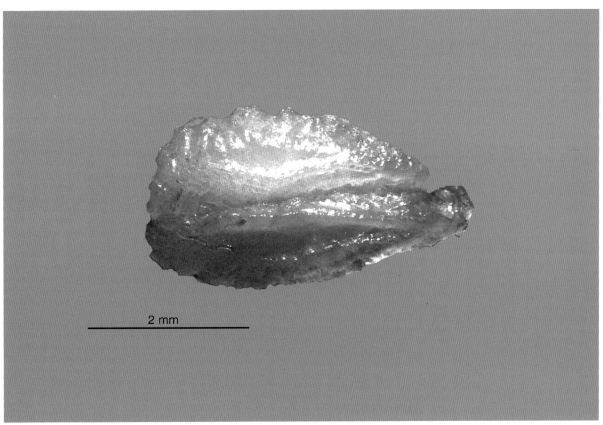

2 mm

（采样地点：羚羊礁）

短吻鼻鱼

Naso brevirostris (Cuvier, 1829)

（采样地点：七连屿）

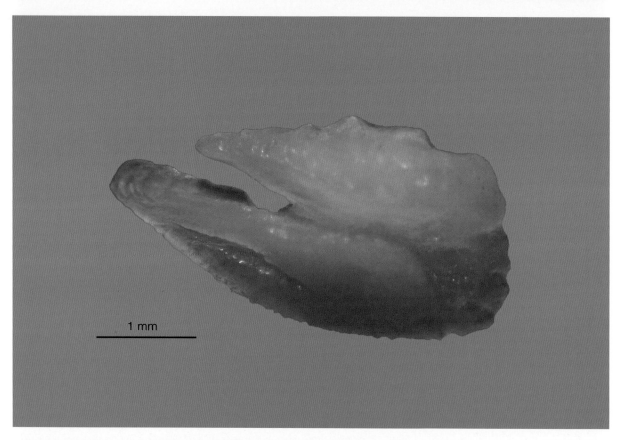

1 mm

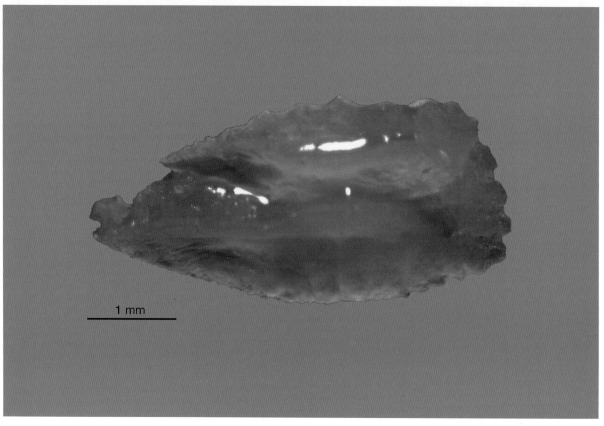

1 mm

拟鲔鼻鱼

Naso thynnoides (Cuvier, 1829)

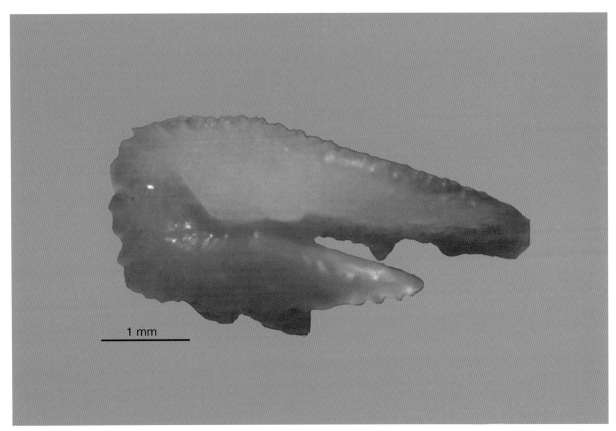

1 mm

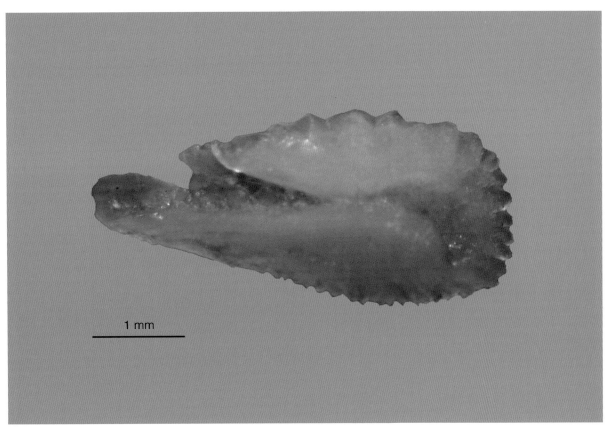

1 mm

拟鲔鼻鱼

（采样地点：七连屿）

六棘鼻鱼

Naso hexacanthus (Bleeker, 1855)

（采样地点：七连屿）

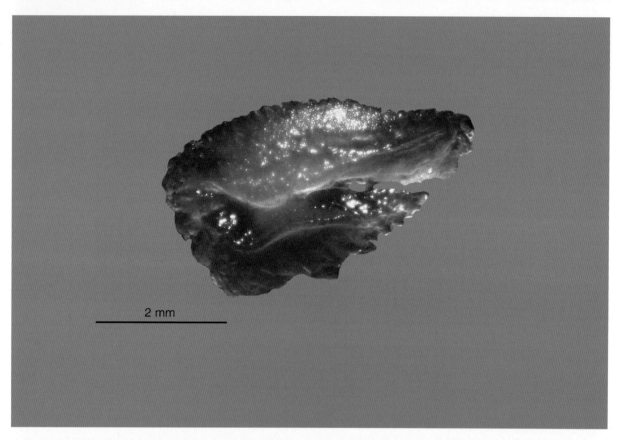

2 mm

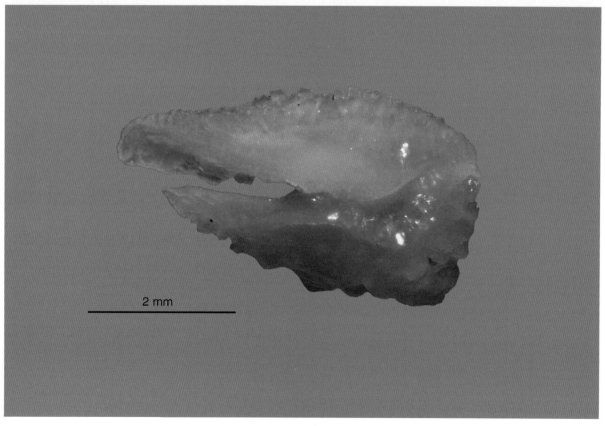

2 mm

丝尾鼻鱼

Naso vlamingii (Valenciennes, 1835)

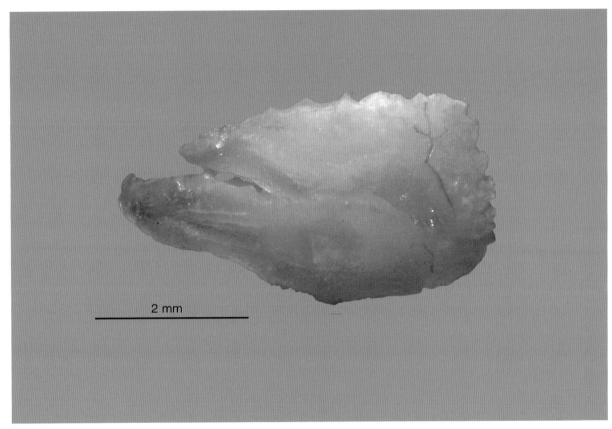

2 mm

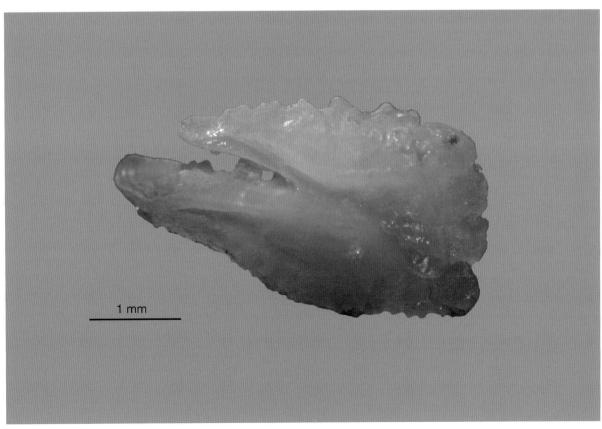

1 mm

（采样地点：七连屿）

斑点刺尾鱼

Acanthurus guttatus Forster, 1801

2 mm

（采样地点：七连屿）

额带刺尾鱼

Acanthurus dussumieri Valenciennes, 1835

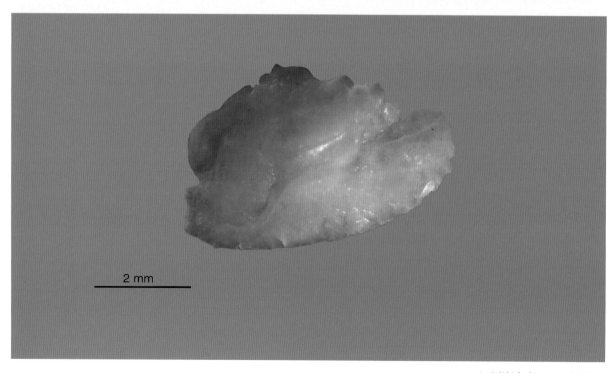

2 mm

（采样地点：七连屿）

丽鳍棘眼天竺鲷

Pristiapogon kallopterus (Bleeker, 1856)

2 mm

（采样地点：东岛）

黑边天竺鲷

Apogon ellioti Day, 1875

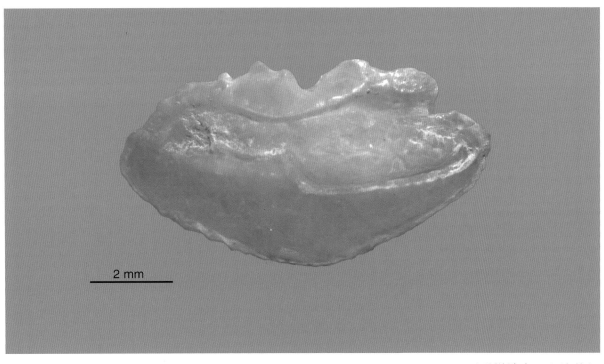

2 mm

（采样地点：七连屿）

巨牙天竺鲷

Cheilodipterus macrodon (Lacepède, 1802)

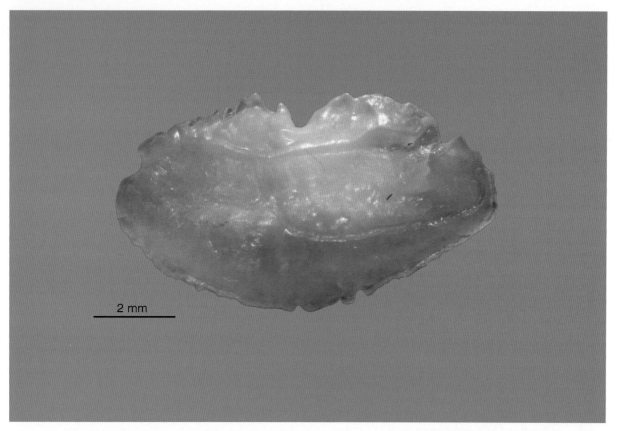

2 mm

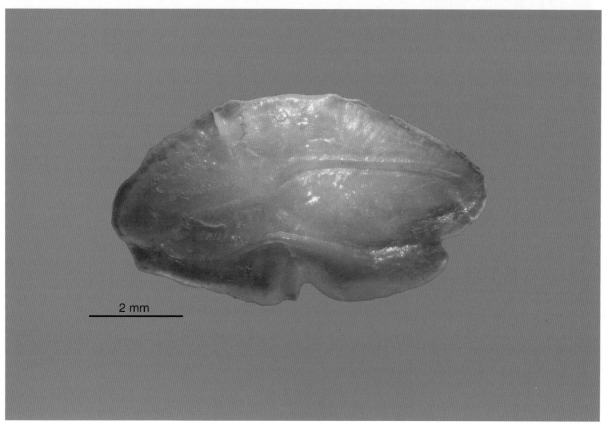

2 mm

（采样地点：东岛）

褐色圣天竺鲷

Nectamia fusca (Quoy & Gaimard, 1825)

2 mm

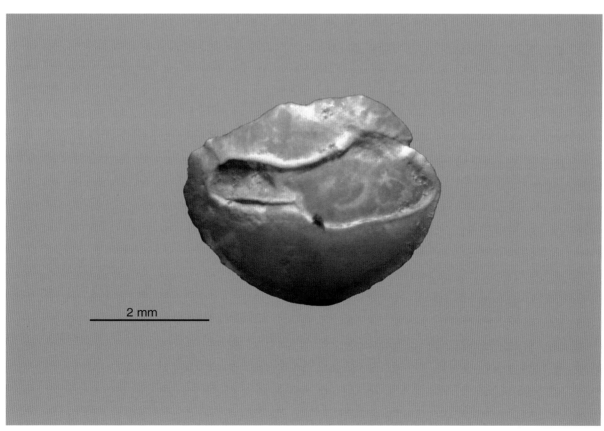

2 mm

（采样地点：七连屿）

斑柄鹦天竺鲷

Ostorhinchus fleurieu Lacepède, 1802

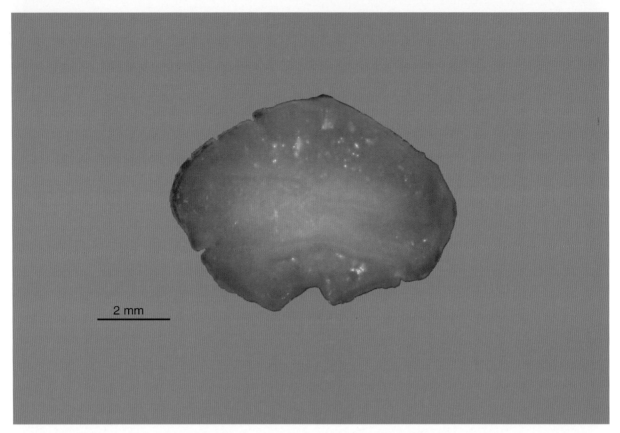

2 mm

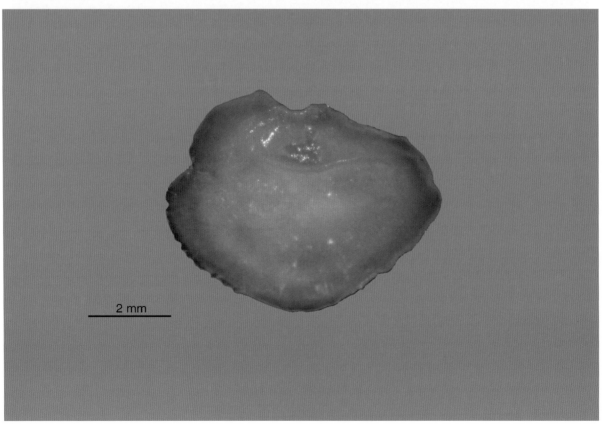

2 mm

（采样地点：珠江口）

稻氏天竺鲷

Apogon doederleini Jordan & Snyder, 1901

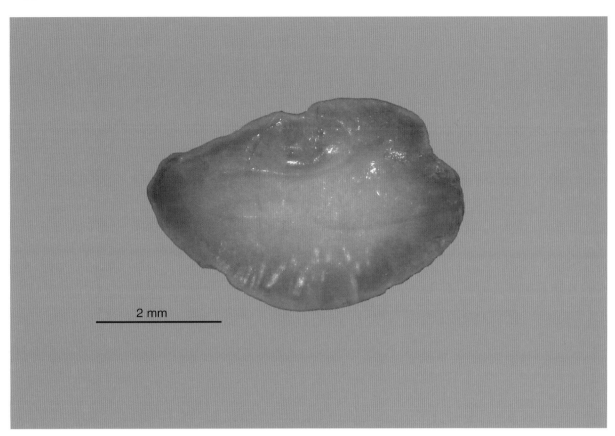

2 mm

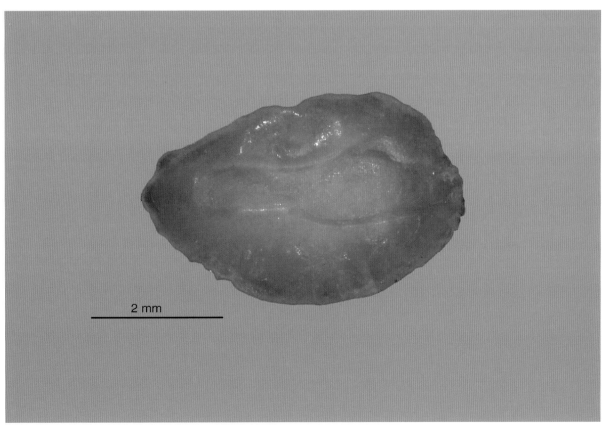

2 mm

（采样地点：珠江口）

驼背鹦天竺鲷

Ostorhinchus lateralis (Valenciennes, 1832)

2 mm

（采样地点：珠江口）

乳香鱼

Lactarius lactarius (Bloch & Schneider, 1801)

1 mm

（采样地点：珠江口）

短豹鳚

Exallias brevis (Kner, 1868)

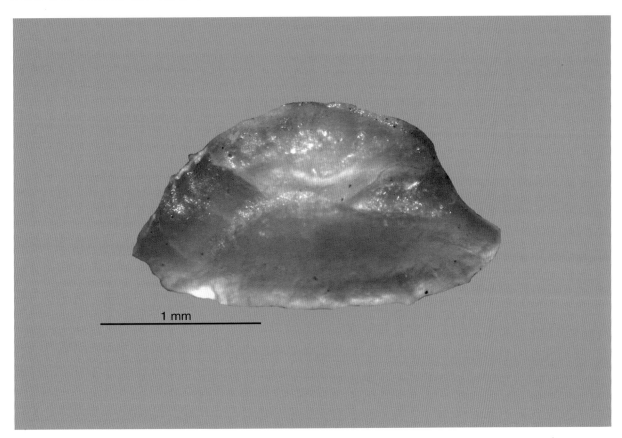

1 mm

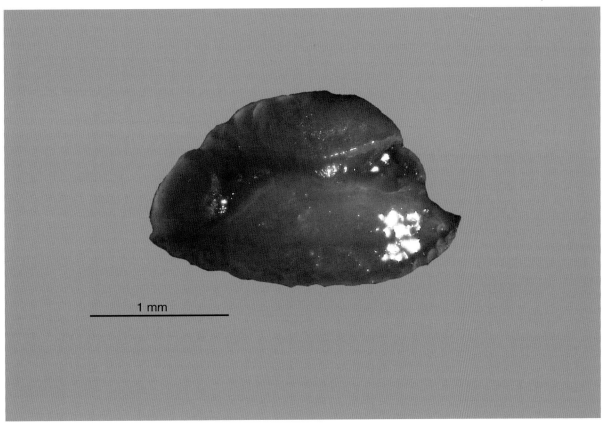

1 mm

（采样地点：七连屿）

朝鲜䲗

Callionymus koreanus (Nakabo, Jeon & Li, 1987)

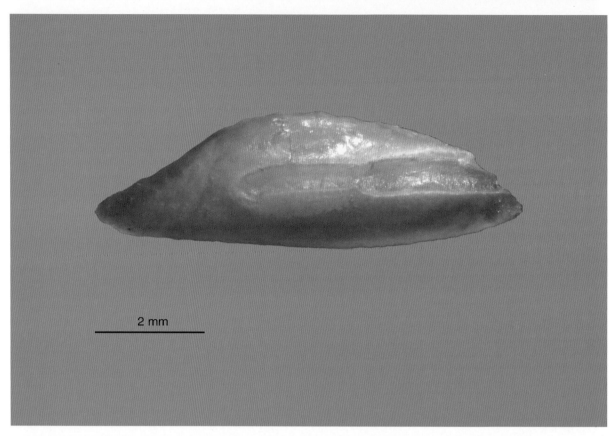

2 mm

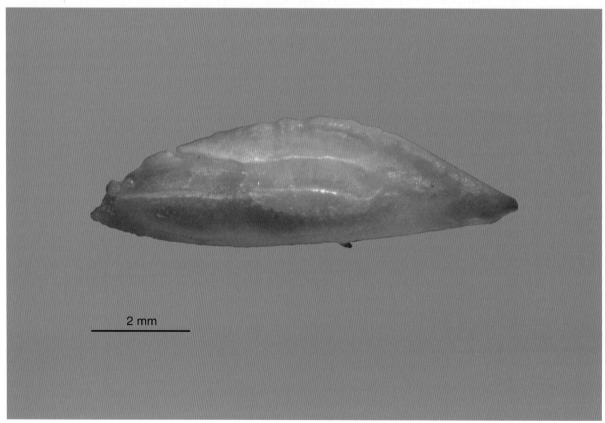

2 mm

〔采样地点：珠江口〕

康氏似鲹

Scomberoides commersonnianus **Lacepède, 1801**

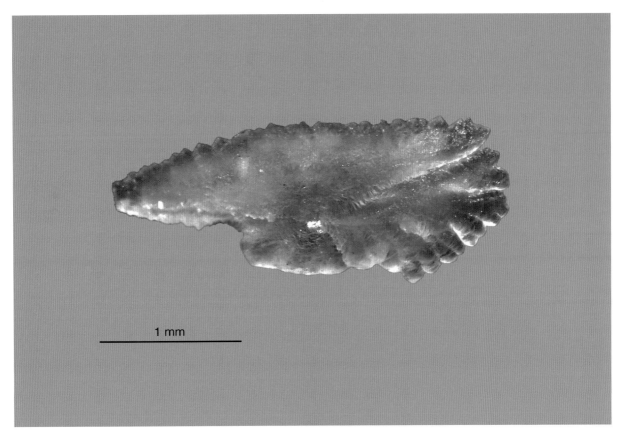

1 mm

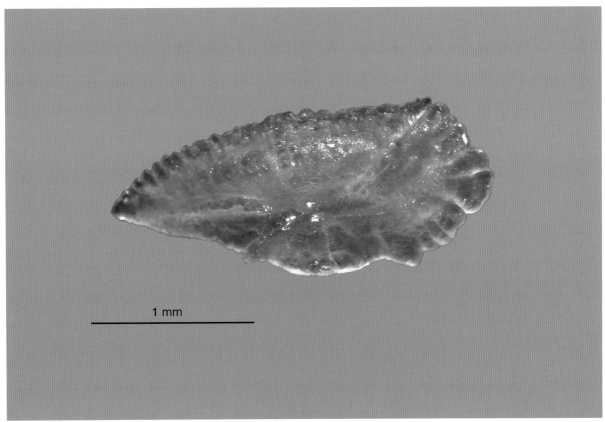

1 mm

（采样地点：徐闻）

平线若鲹
Carangoides ferdau (Forsskål, 1775)

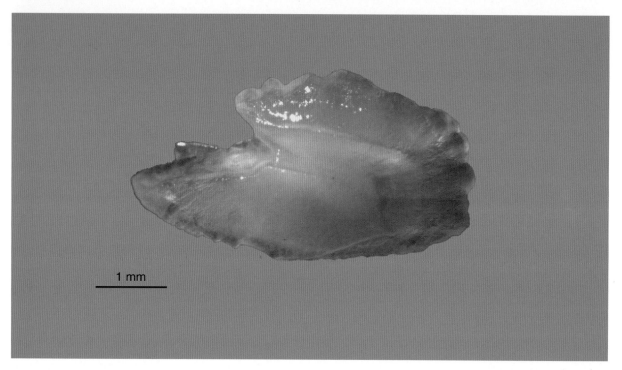

1 mm

（采样地点：七连屿）

斐氏鲳鲹
Trachinotus baillonii (Lacepède, 1801)

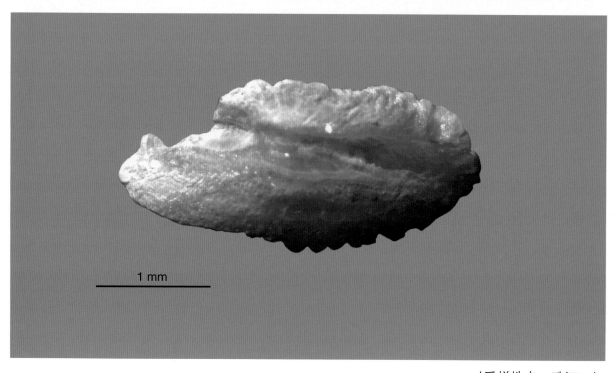

1 mm

（采样地点：珠江口）

印度丝鲹

Alectis indica (Rüppell, 1830)

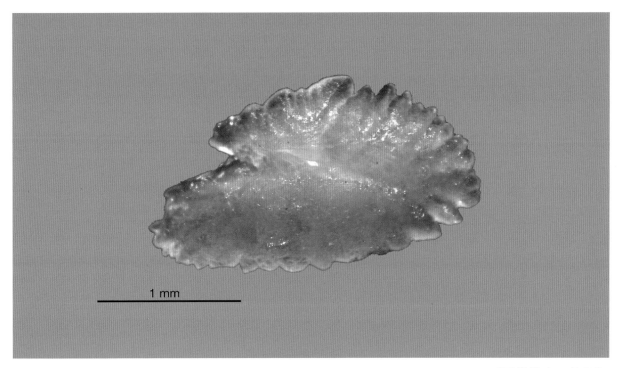

（采样地点：徐闻）

游鳍叶鲹

Atule mate (Cuvier, 1833)

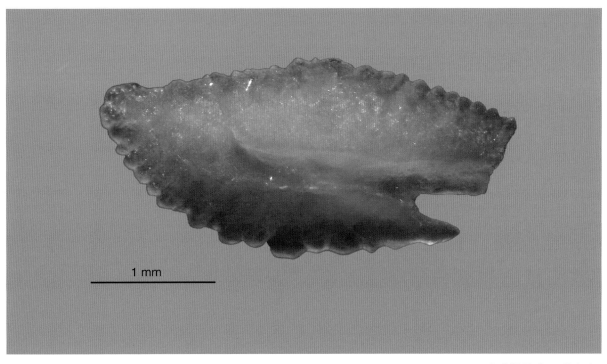

（采样地点：徐闻）

克氏副叶鲹

Alepes kleinii (Bloch, 1793)

1 mm

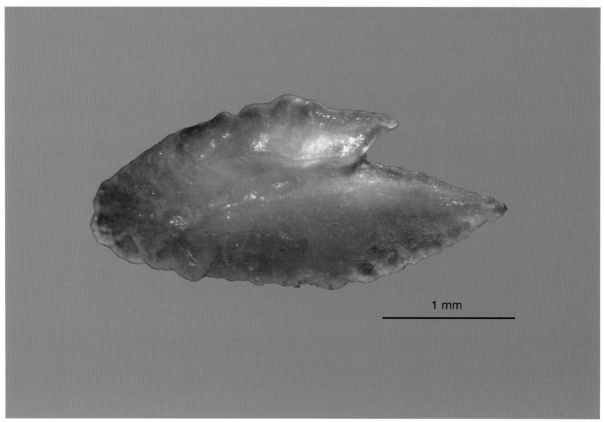

1 mm

卵形鲳鲹

Trachinotus ovatus (Linnaeus, 1758)

1 mm

1 mm

（采样地点：徐闻）

乌鲹

（采样地点：徐闻）

Parastromateus niger (Bloch, 1795)

1 mm

1 mm

甲若鲹

Carangoides armatus (Rüppell, 1830)

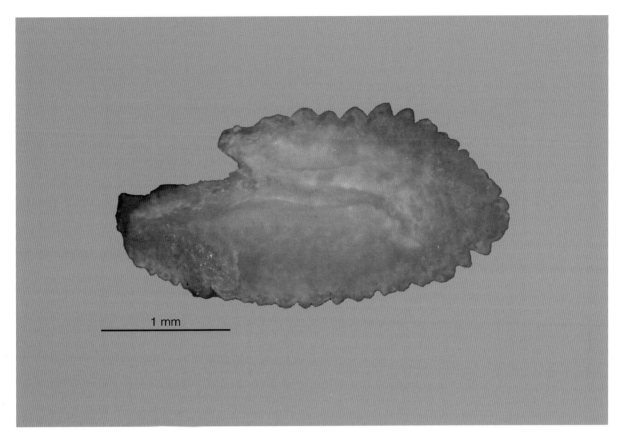

1 mm

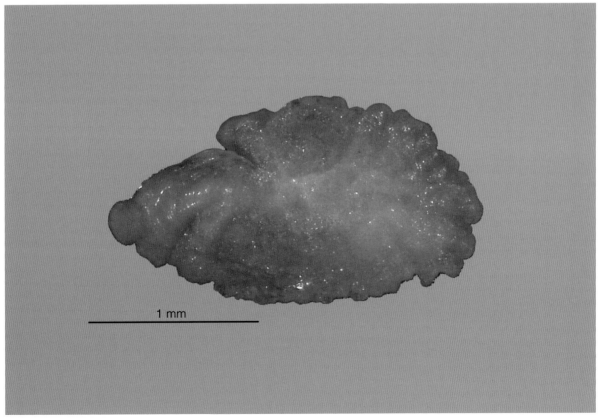

1 mm

（采样地点：珠江口）

金带细鲹

Selaroides leptolepis (Cuvier, 1833)

2 mm

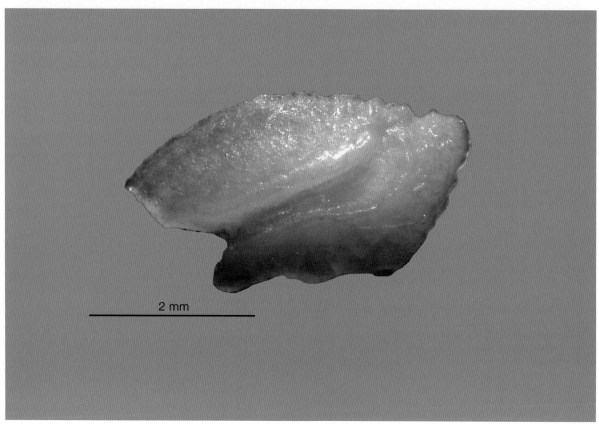

2 mm

（采样地点：珠江口）

日本竹筴鱼

Trachurus japonicus (Temminck & Schlegel, 1844)

1 mm

1 mm

（采样地点：珠江口）

六带鲹

Caranx sexfasciatus Quoy & Gaimard, 1825

1 mm

（采样地点：晋卿岛）

1 mm

（采样地点：珠江口）

鞭蝴蝶鱼

Chaetodon ephippium Cuvier, 1831

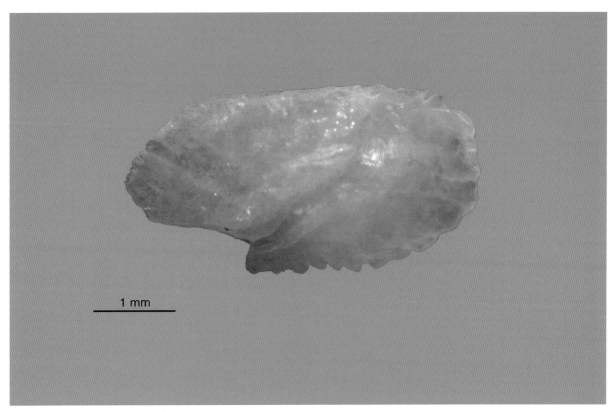

1 mm

（采样地点：东岛）

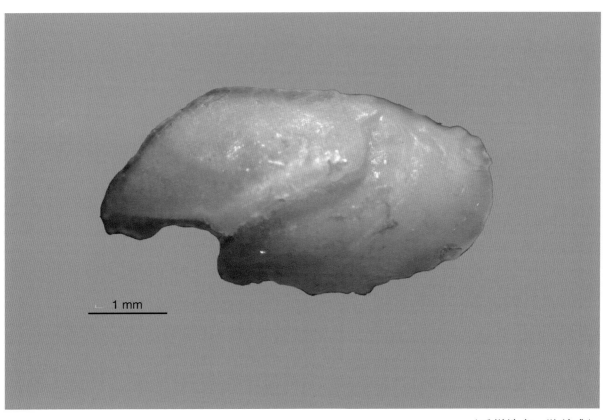

1 mm

（采样地点：羚羊礁）

单斑蝴蝶鱼

Chaetodon unimaculatus **Bloch, 1787**

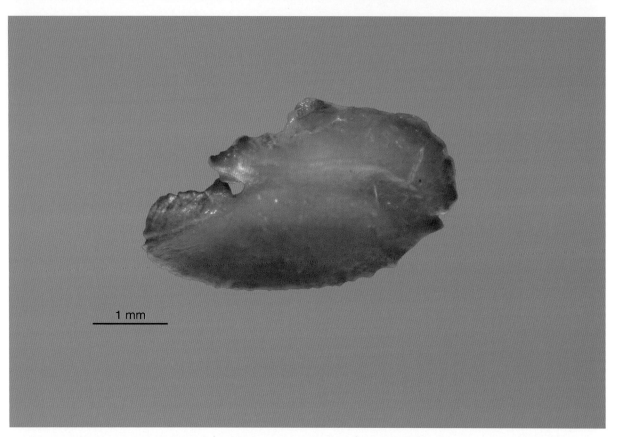

1 mm

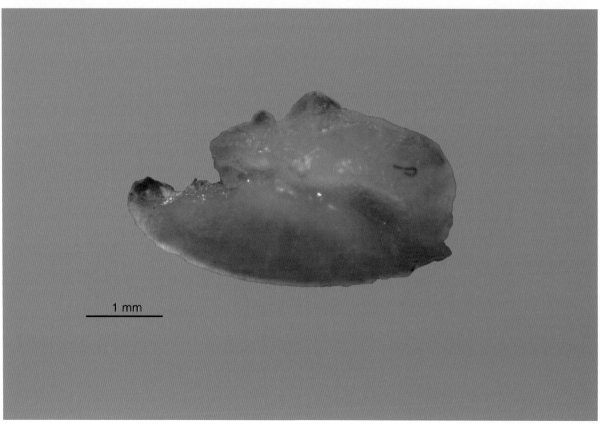

1 mm

单斑蝴蝶鱼

（采样地点：东岛）

叉纹蝴蝶鱼

Chaetodon auripes Jordan & Snyder, 1901

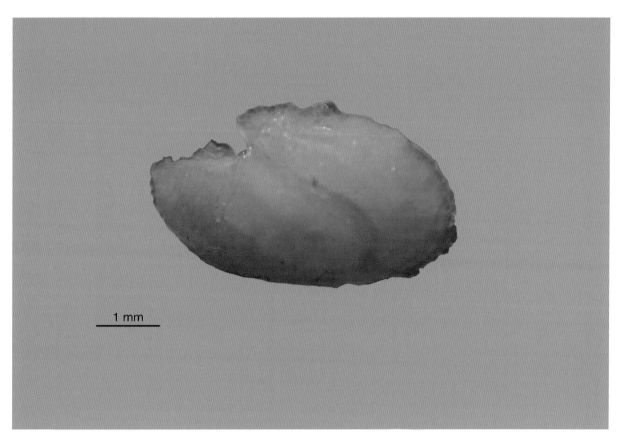

1 mm

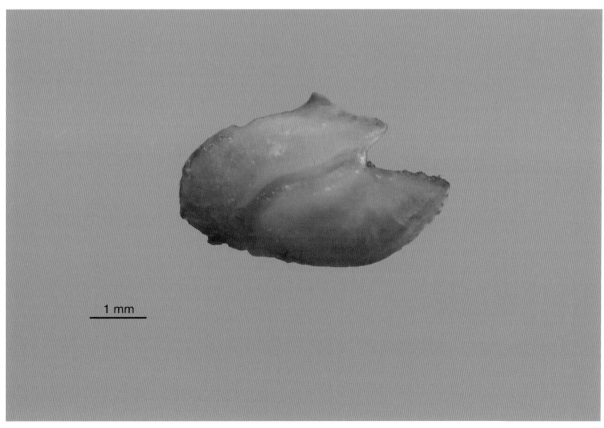

1 mm

（采样地点：东岛）

三纹蝴蝶鱼

Chaetodon trifascialis Quoy & Gaimard, 1825

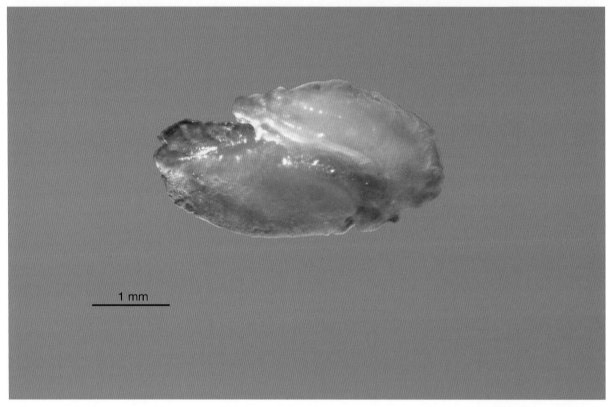

1 mm

（采样地点：晋卿岛）

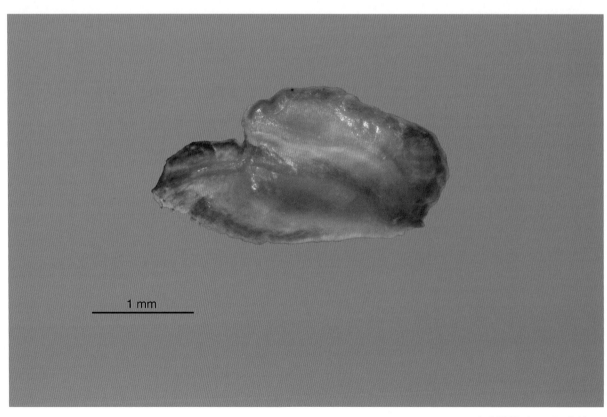

1 mm

（采样地点：七连屿）

丝蝴蝶鱼

Chaetodon auriga **Forsskål, 1775**

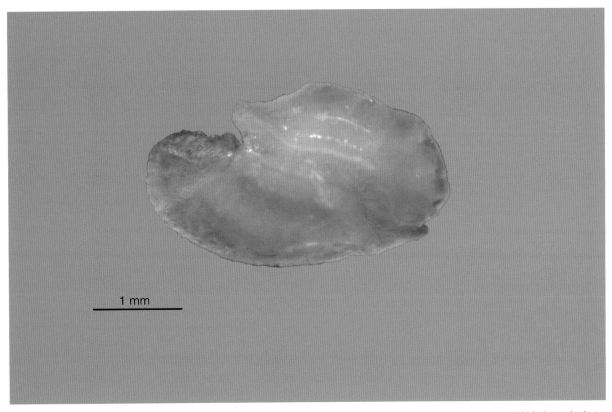

（采样地点：东岛）

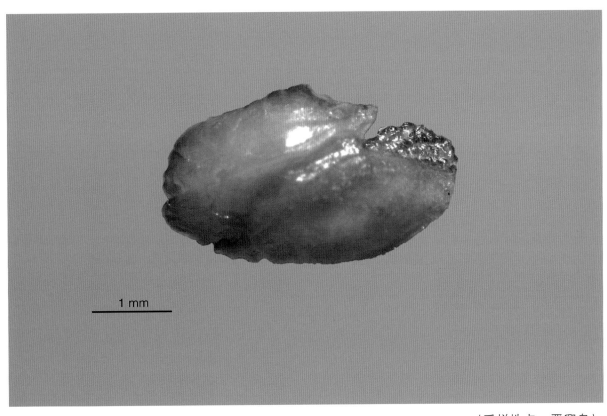

（采样地点：晋卿岛）

格纹蝴蝶鱼

Chaetodon rafflesii Anonymous [Bennett], 1830

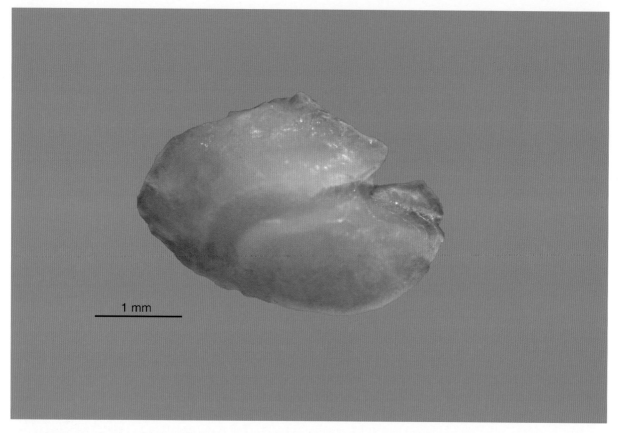

1 mm

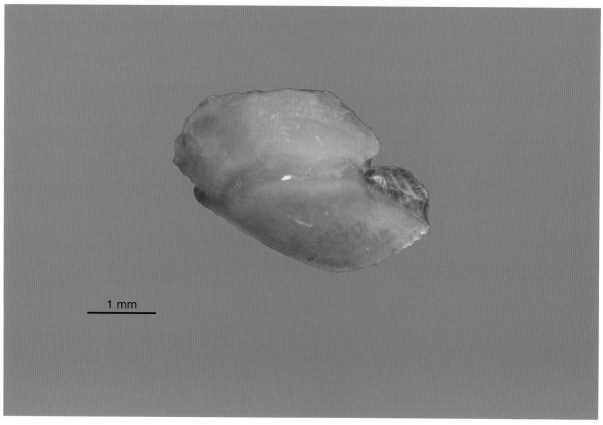

1 mm

（采样地点：七连屿）

丽蝴蝶鱼

Chaetodon wiebeli **Kaup, 1863**

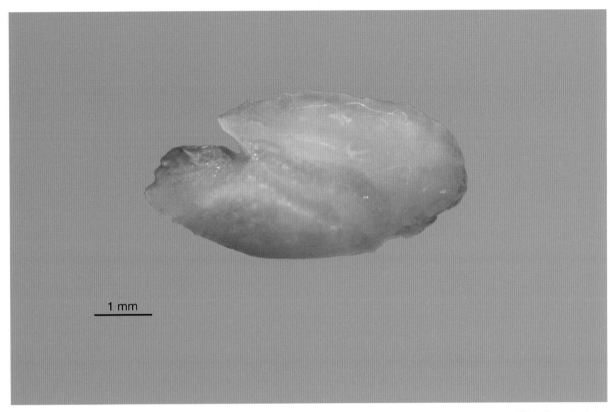

1 mm

（采样地点：东岛）

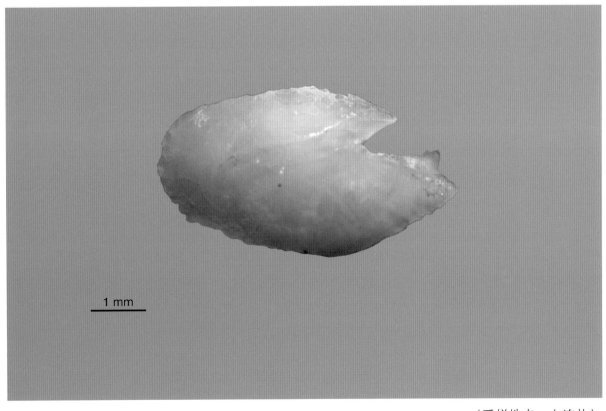

1 mm

（采样地点：七连屿）

华丽蝴蝶鱼

Chaetodon ornatissimus Cuvier, 1831

1 mm

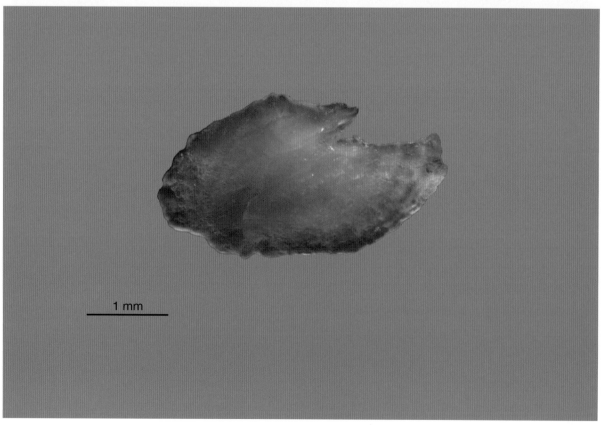

1 mm

华丽蝴蝶鱼

（采样地点：七连屿）

细纹蝴蝶鱼

Chaetodon lineolatus Cuvier, 1831

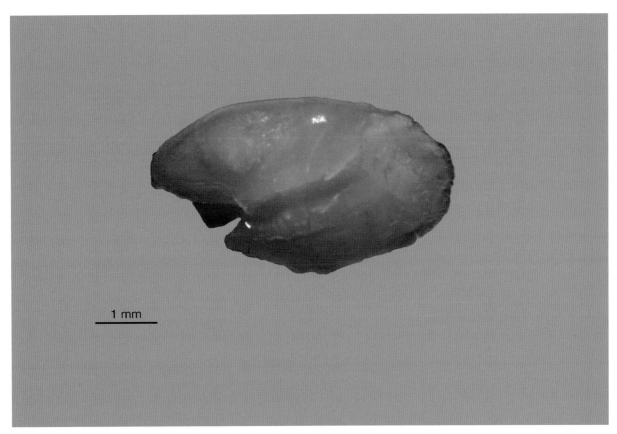

1 mm

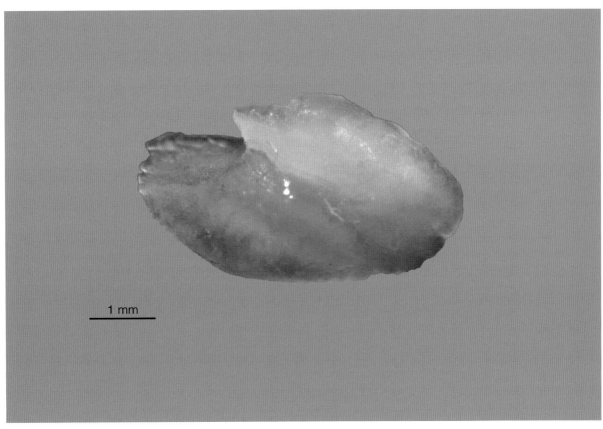

1 mm

〔采样地点：七连屿〕

黑背蝴蝶鱼

Chaetodon melannotus Bloch & Schneider, 1801

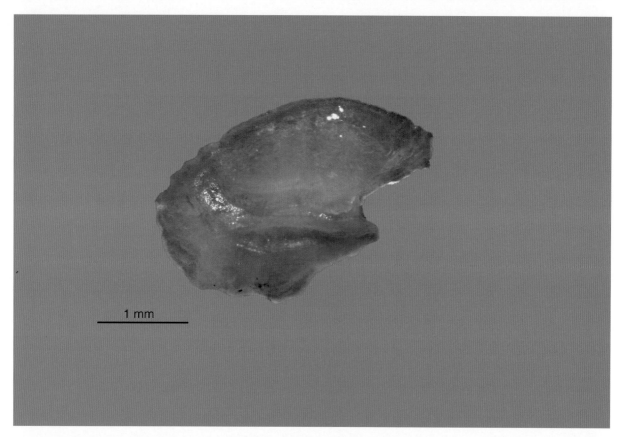

1 mm

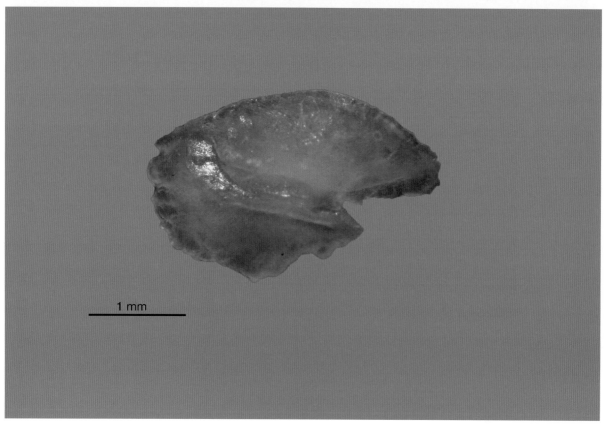

1 mm

黑背蝴蝶鱼

（采样地点：七连屿）

黄蝴蝶鱼

Chaetodon xanthurus Bleeker, 1857

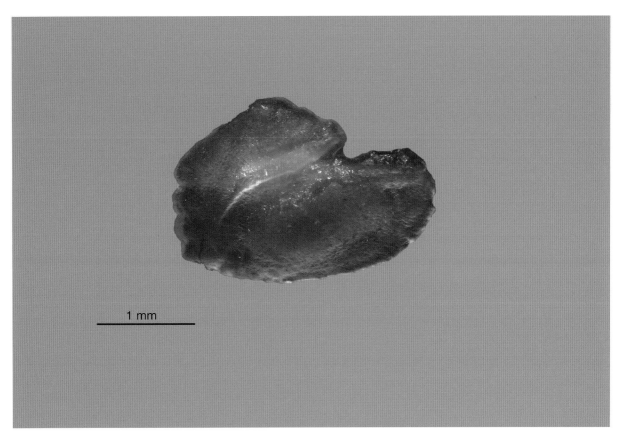

1 mm

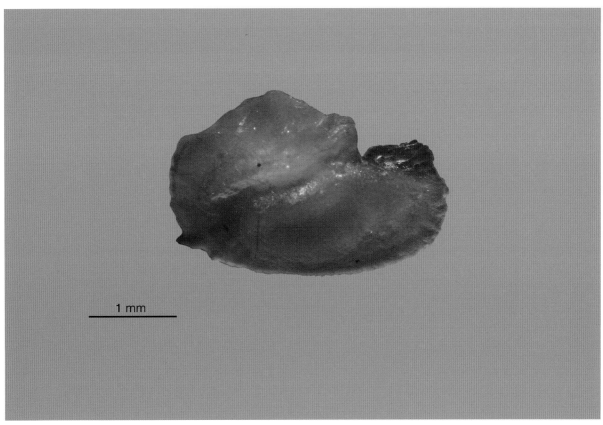

1 mm

（采样地点：七连屿）

镜斑蝴蝶鱼

Chaetodon speculum Cuvier, 1831

（采样地点：七连屿）

马达加斯加蝴蝶鱼

Chaetodon madagaskariensis Ahl, 1923

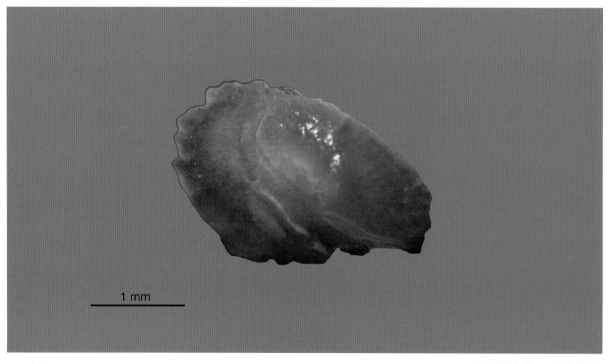

（采样地点：七连屿）

四棘蝴蝶鱼

Chaetodon plebeius Cuvier, 1831

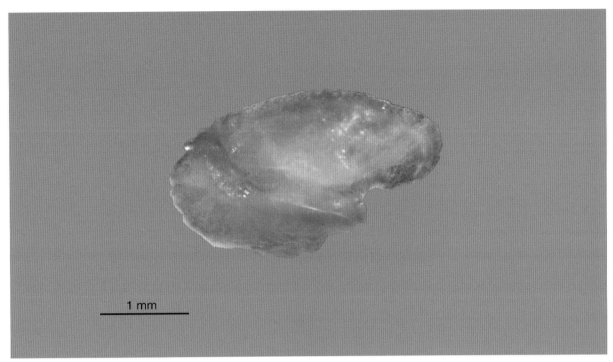

1 mm

（采样地点：七连屿）

密点蝴蝶鱼

Chaetodon citrinellus Cuvier, 1831

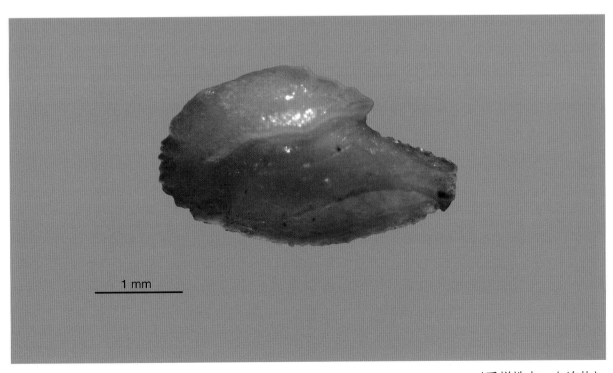

1 mm

（采样地点：七连屿）

三带蝴蝶鱼

Chaetodon trifasciatus **Park, 1797**

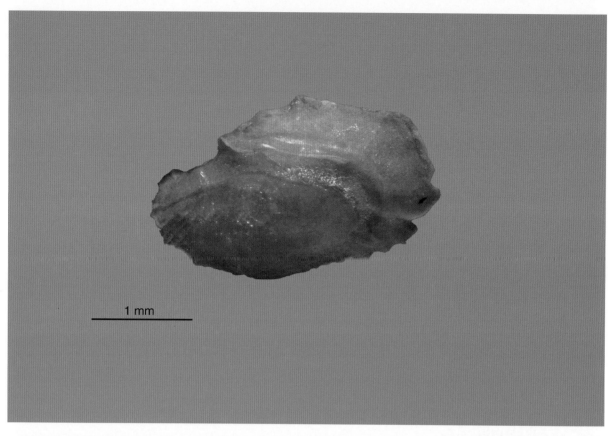

1 mm

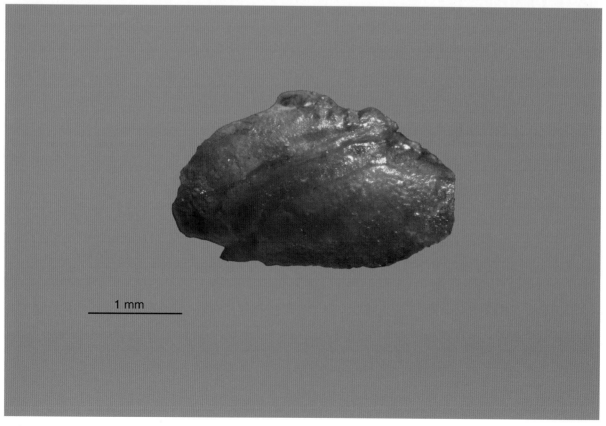

1 mm

（采样地点：七连屿）

斜纹蝴蝶鱼

Chaetodon vagabundus Linnaeus, 1758

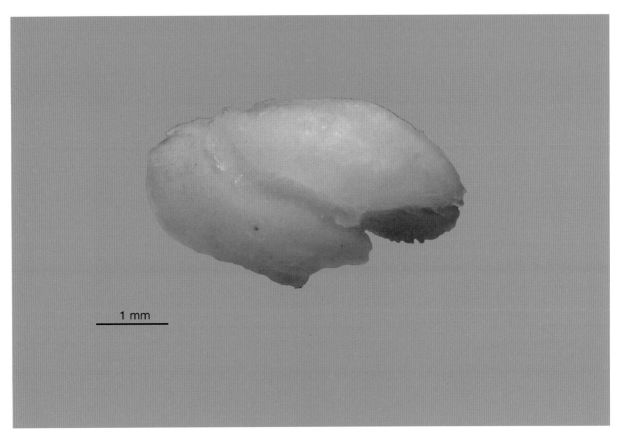

1 mm

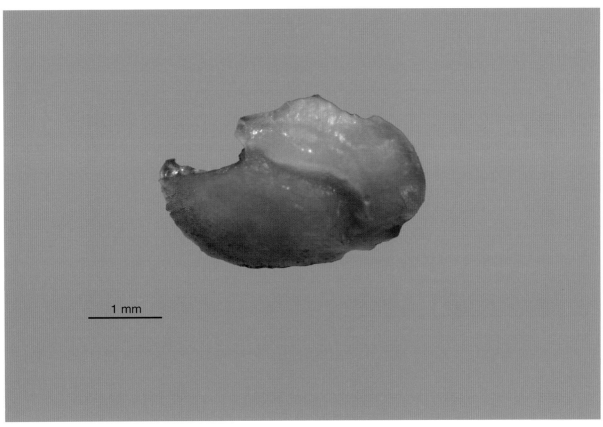

1 mm

（采样地点：七连屿）

新月蝴蝶鱼

Chaetodon lunula (Lacepède, 1802)

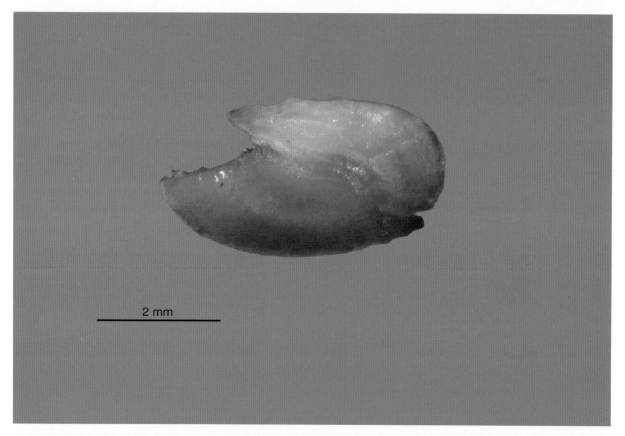

2 mm

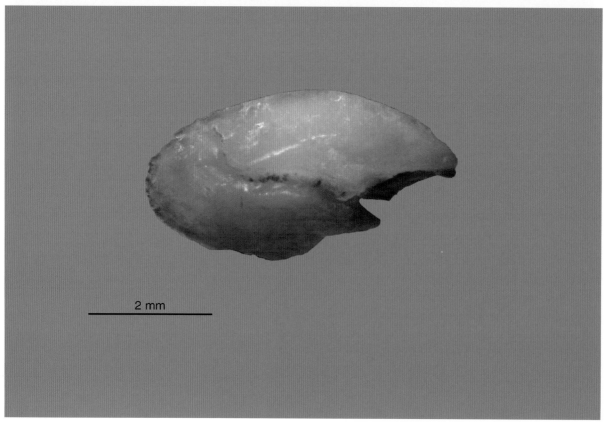

2 mm

（采样地点：七连屿）

珠蝴蝶鱼

Chaetodon kleinii **Bloch, 1790**

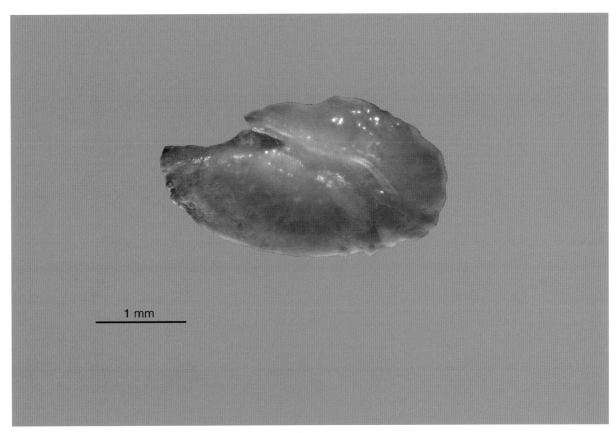

1 mm

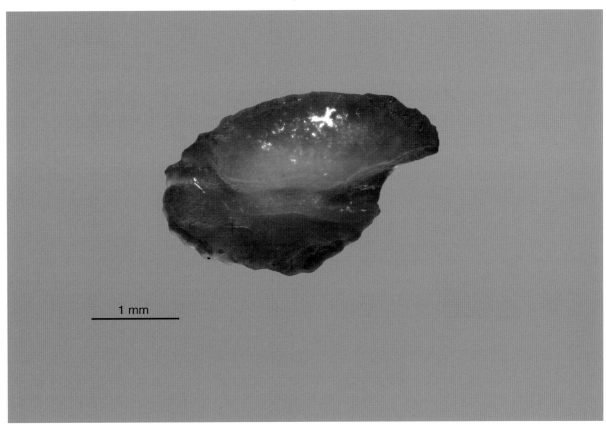

1 mm

（采样地点：七连屿）

多鳞霞蝶鱼

Hemitaurichthys polylepis (Bleeker, 1857)

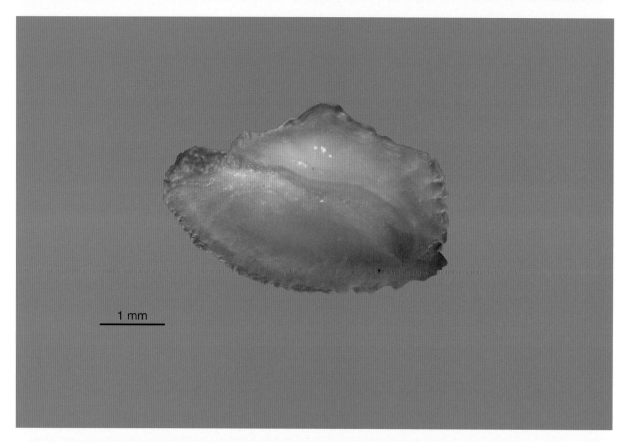

1 mm

1 mm

（采样地点：七连屿）

金口马夫鱼

Heniochus chrysostomus **Cuvier, 1831**

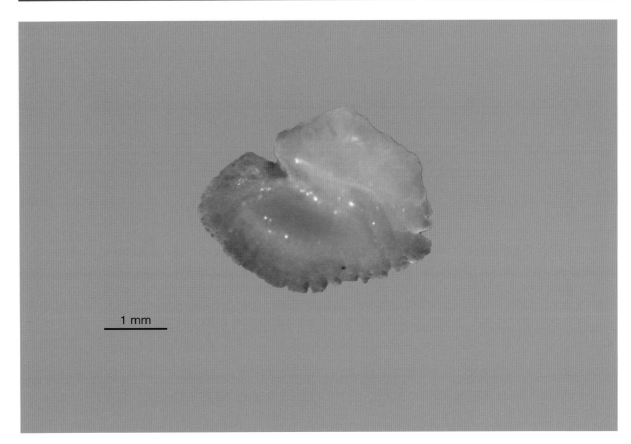

1 mm

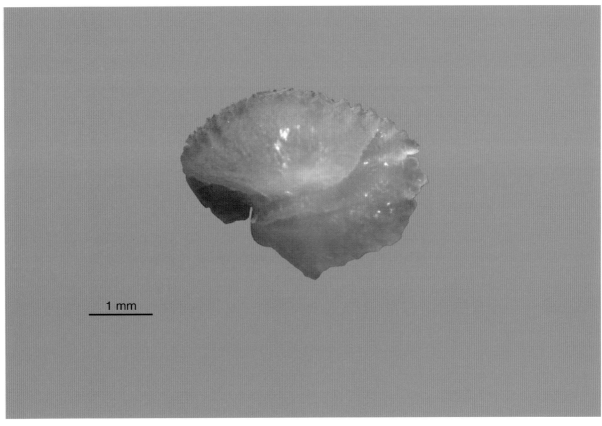

1 mm

（采样地点：东岛）

四带马夫鱼
Heniochus singularius Smith & Radcliffe, 1911

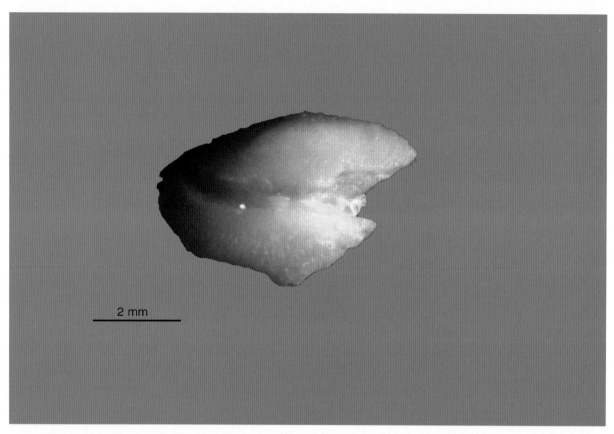

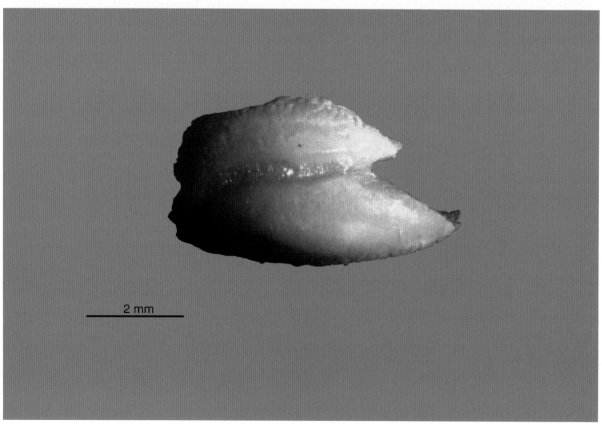

（采样地点：七连屿）

黄镊口鱼

Forcipiger flavissimus **Jordan & McGregor, 1898**

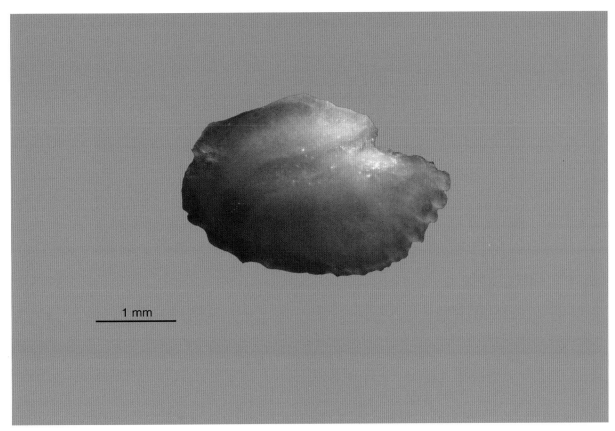

1 mm

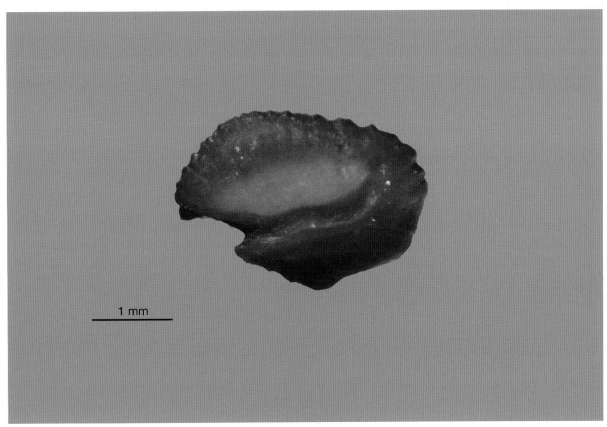

1 mm

（采样地点：七连屿）

乌利蝴蝶鱼

Chaetodon ulietensis **Cuvier, 1831**

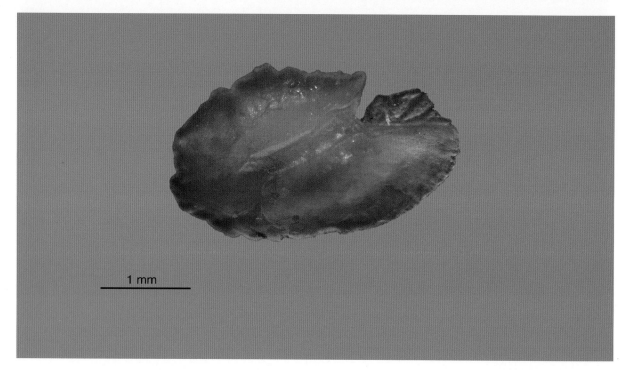

1 mm

（采样地点：七连屿）

纹带蝴蝶鱼

Chaetodon falcula **Bloch, 1795**

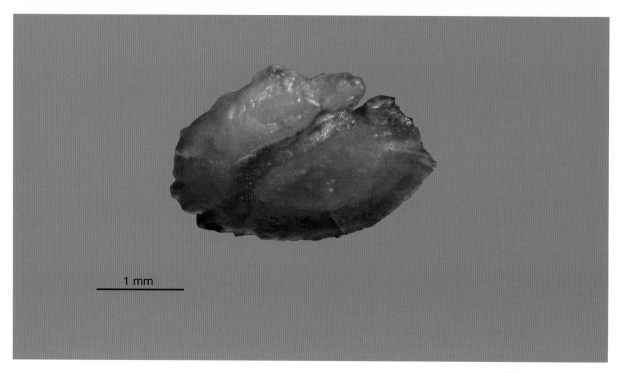

1 mm

（采样地点：七连屿）

朴蝴蝶鱼

Chaetodon modestus Temminck & Schlegel, 1844

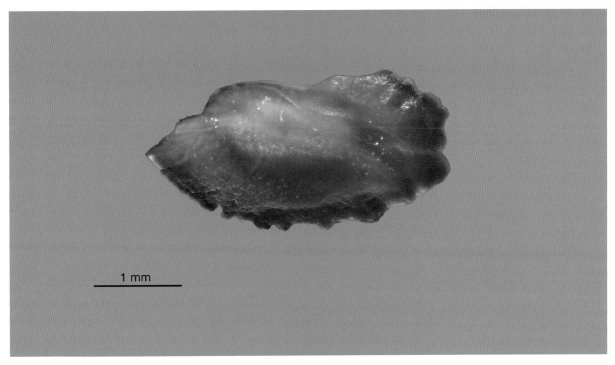

1 mm

（采样地点：珠江口）

海氏刺尻鱼

Centropyge heraldi Woods & Schultz, 1953

2 mm

（采样地点：七连屿）

福氏刺尻鱼

Centropyge vrolikii (Bleeker, 1853)

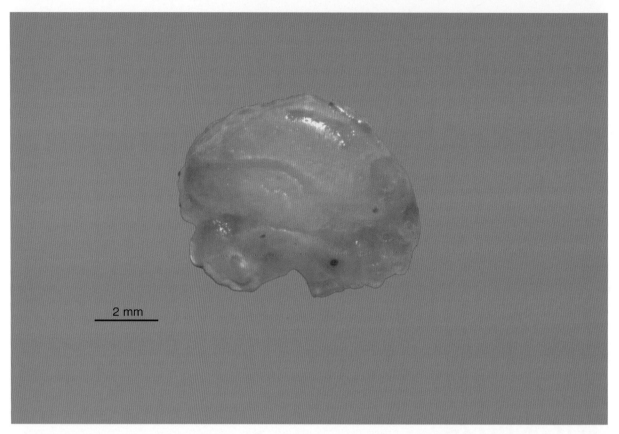

2 mm

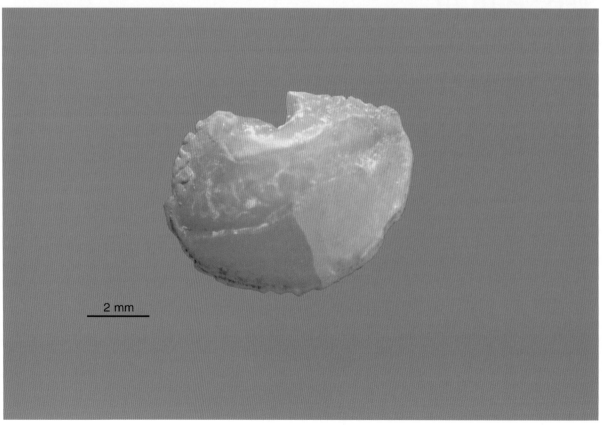

2 mm

（采样地点：美济礁）

双棘甲尻鱼

Pygoplites diacanthus (Boddaert, 1772)

2 mm

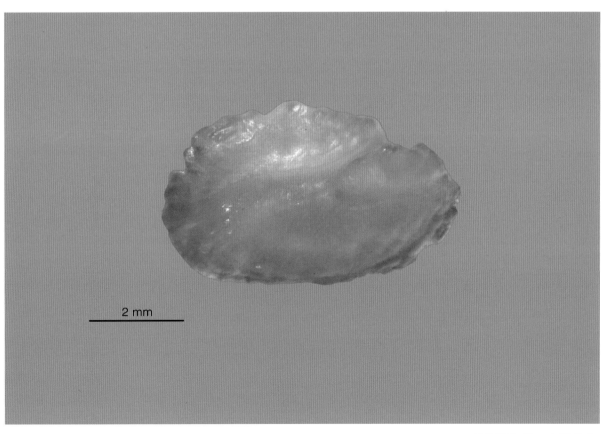

2 mm

（采样地点：七连屿）

半环刺盖鱼

Pomacanthus semicirculatus (Cuvier, 1831)

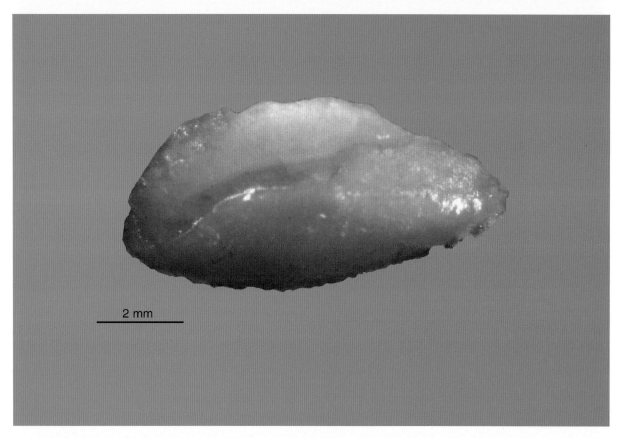

2 mm

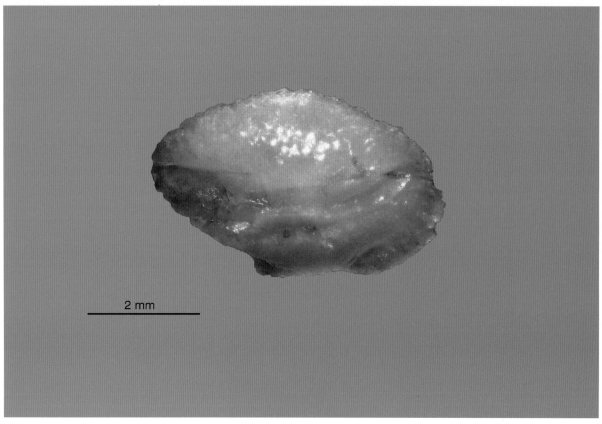

2 mm

（采样地点：七连屿）

主刺盖鱼

Pomacanthus imperator **(Bloch, 1787)**

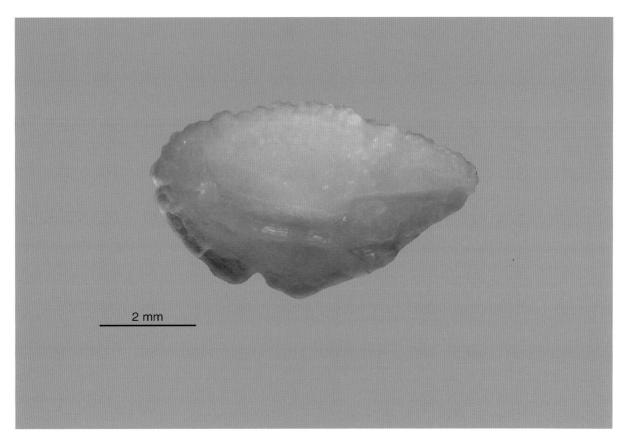

2 mm

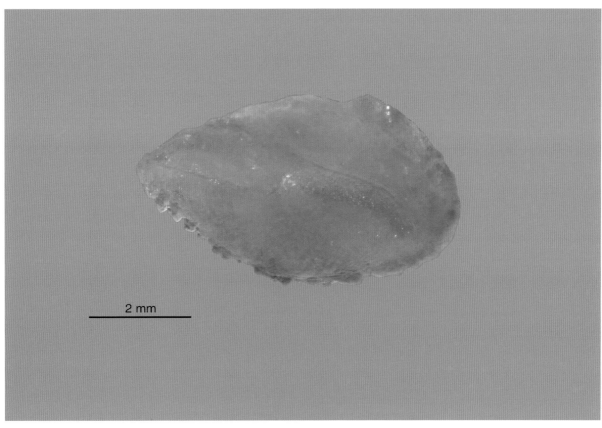

2 mm

（采样地点：七连屿）

三点阿波鱼

Apolemichthys trimaculatus (Cuvier, 1831)

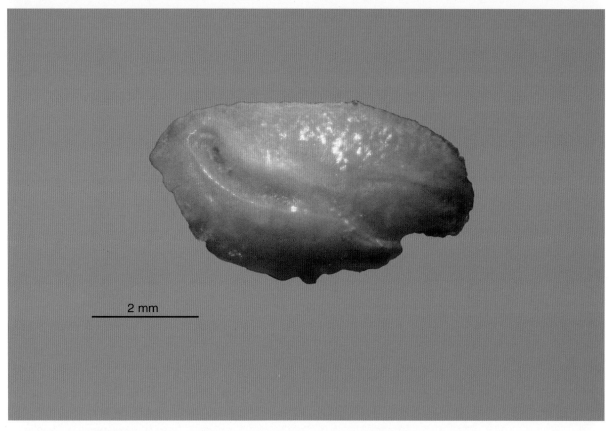

2 mm

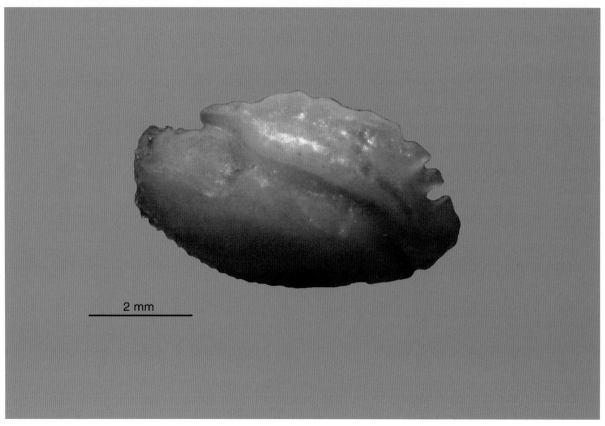

2 mm

（采样地点：七连屿）

角镰鱼

Zanclus cornutus (Linnaeus, 1758)

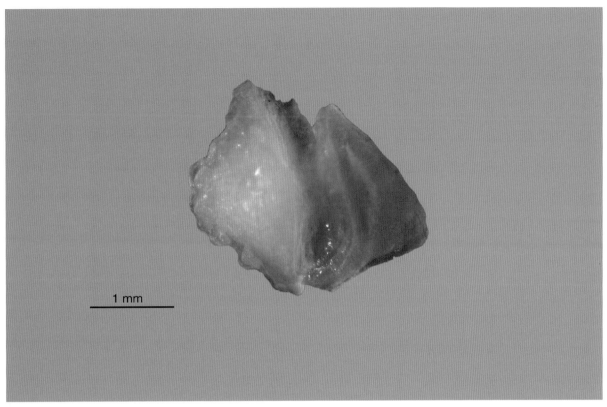

1 mm

（采样地点：晋卿岛）

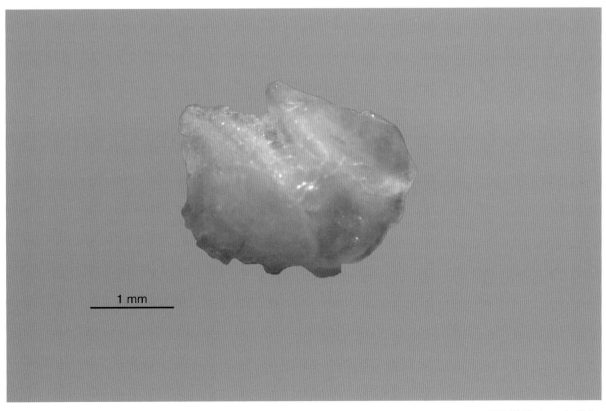

1 mm

（采样地点：东岛）

福氏副鯯

Paracirrhites forsteri (Schneider, 1801)

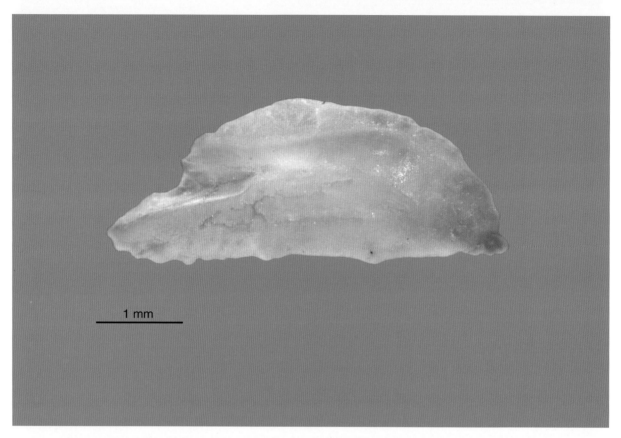

1 mm

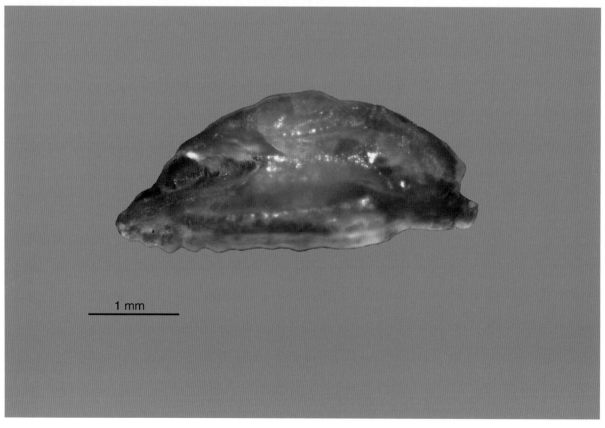

1 mm

（采样地点：七连屿）

翼鲬

Cirrhitus pinnulatus (Forster, 1801)

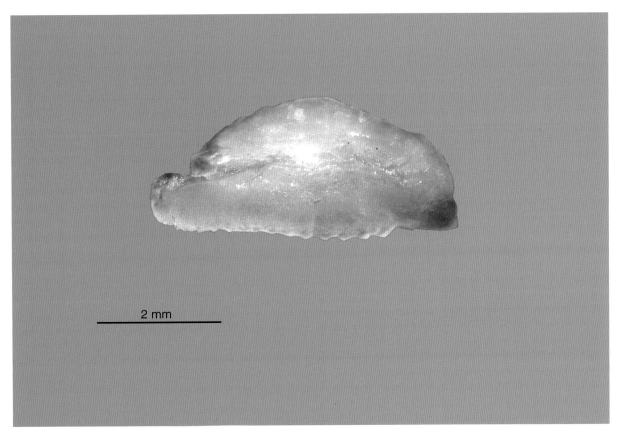

2 mm

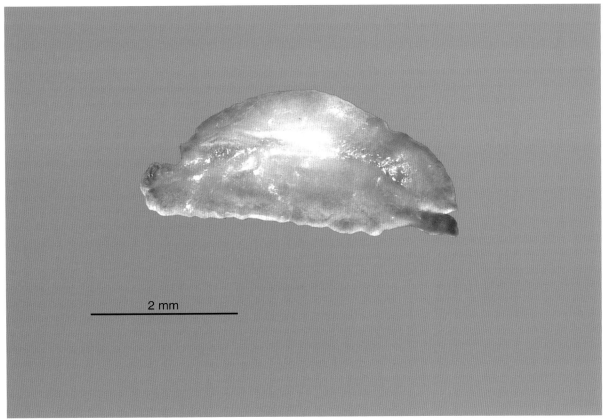

2 mm

（采样地点：全富岛）

副鲐

Paracirrhites arcatus (Cuvier, 1829)

1 mm

（采样地点：七连屿）

六睛拟鲈

Parapercis hexophtalma (Cuvier, 1829)

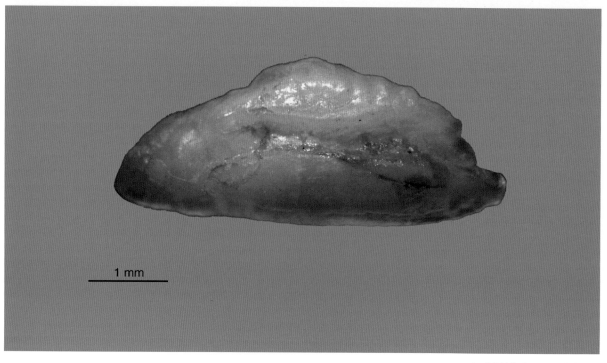

1 mm

（采样地点：七连屿）

太平洋拟䲁

Parapercis pacifica Imamura & Yoshino, 2007

1 mm

（采样地点：东岛）

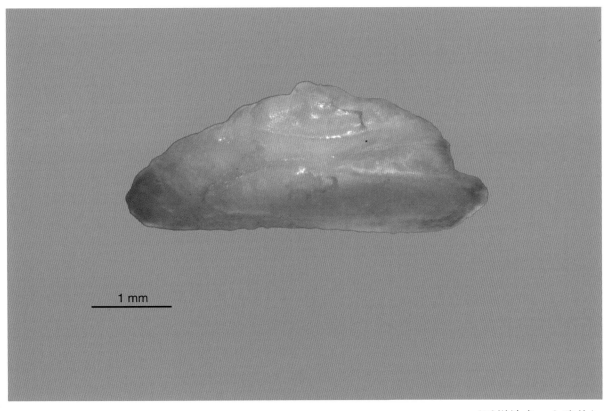

1 mm

（采样地点：七连屿）

斑胡椒鲷

Plectorhinchus chaetodonoides Lacepède, 1801

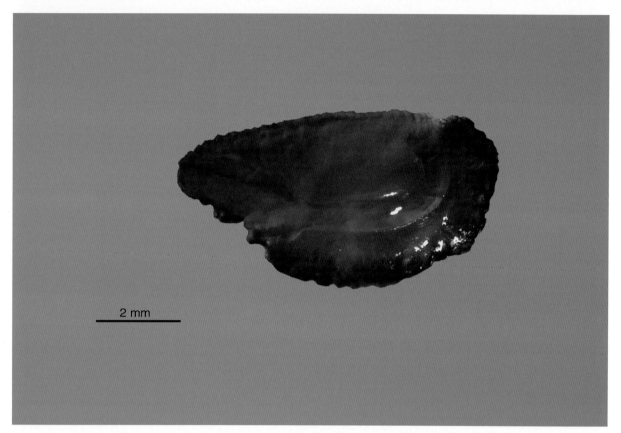

2 mm

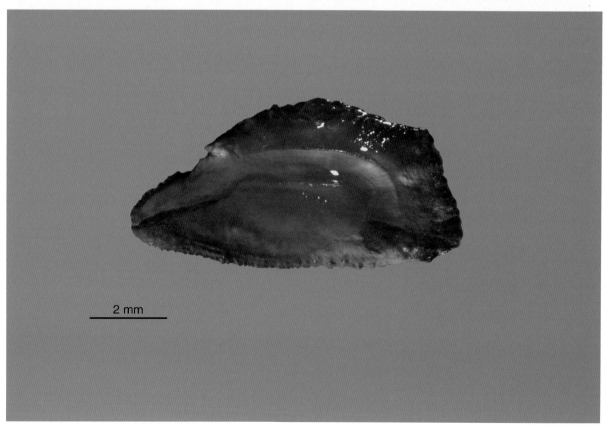

2 mm

（采样地点：晋卿岛）

双带胡椒鲷

Plectorhinchus diagrammus

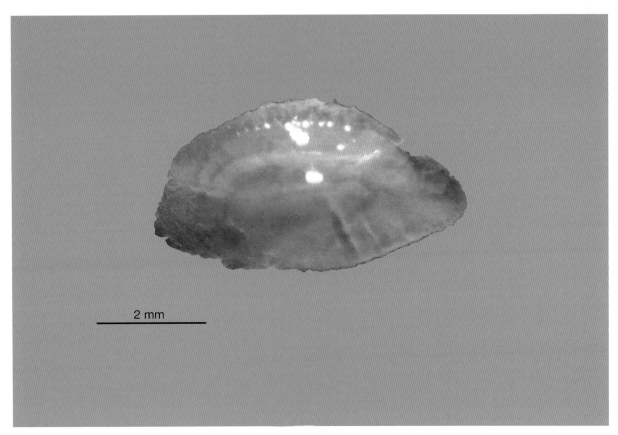

2 mm

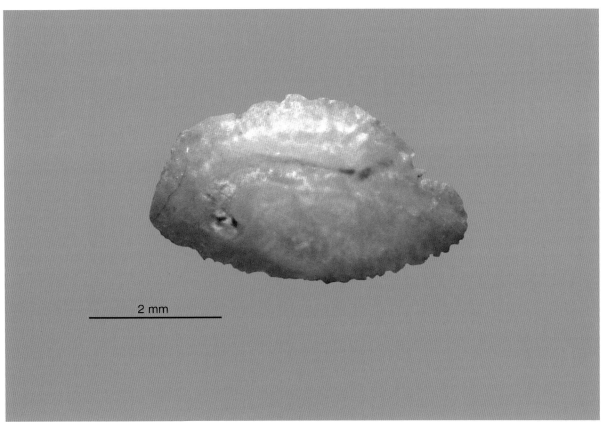

2 mm

（采样地点：七连屿）

条斑胡椒鲷

Plectorhinchus vittatus (Linnaeus, 1758)

2 mm

（采样地点：晋卿岛）

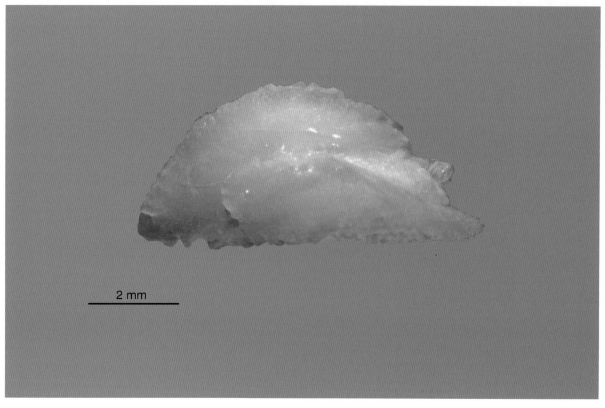

2 mm

（采样地点：七连屿）

黄点胡椒鲷

Plectorhinchus flavomaculatus (Cuvier, 1830)

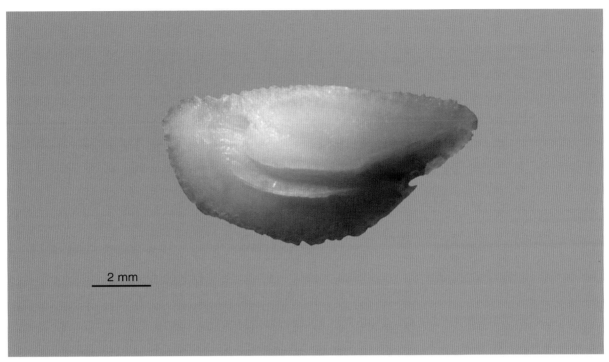

2 mm

（采样地点：七连屿）

花尾胡椒鲷

Plectorhinchus cinctus (Temminck & Schlegel, 1843)

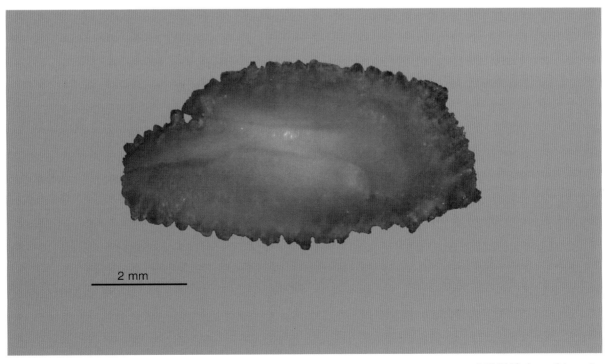

2 mm

（采样地点：珠江口）

条纹胡椒鲷

Plectorhinchus lineatus (Linnaeus, 1758)

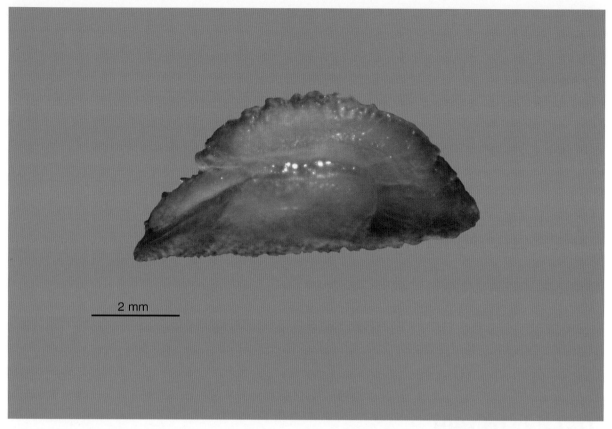

2 mm

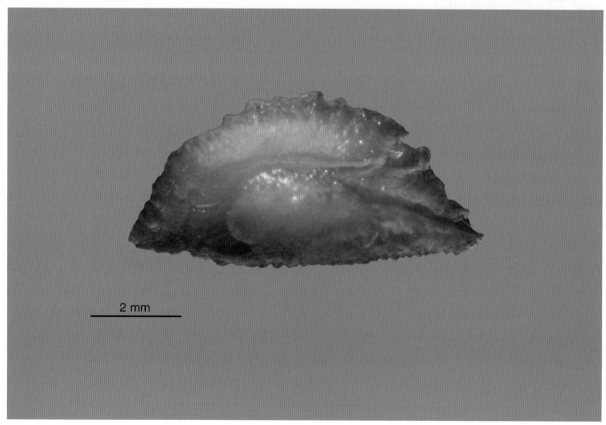

2 mm

（采样地点：七连屿）

华髭鲷

Hapalogenys analis **Richardson, 1845**

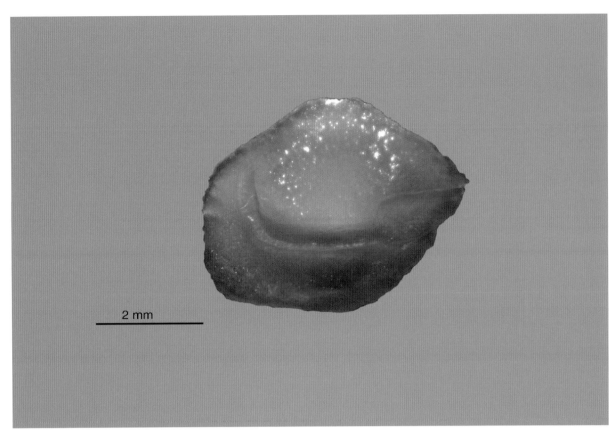

2 mm

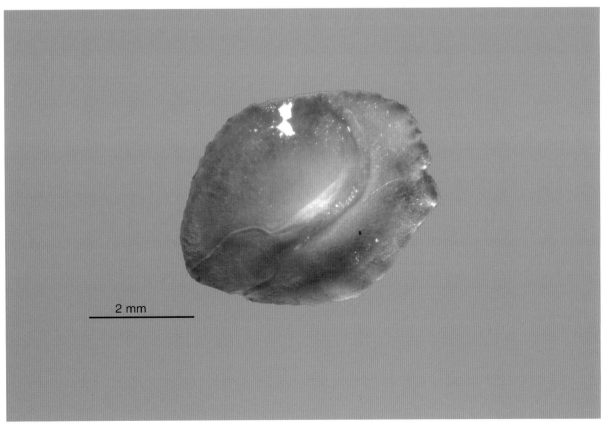

2 mm

（采样地点：徐闻）

密点少棘胡椒鲷

Diagramma pictum (Thunberg, 1792)

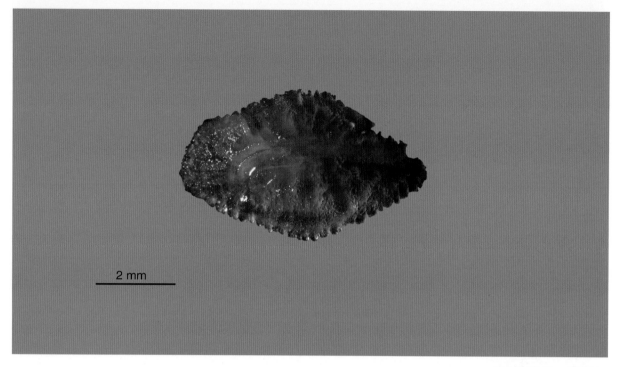

2 mm

（采样地点：徐闻）

细刺鱼

Microcanthus strigatus (Cuvier, 1831)

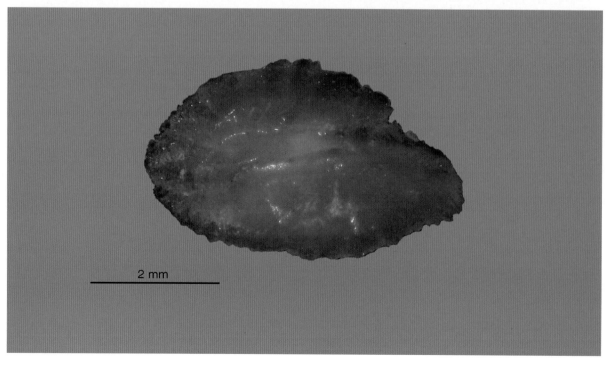

2 mm

（采样地点：珠江口）

低鳍鲵

Kyphosus vaigiensis **(Quoy & Gaimard, 1825)**

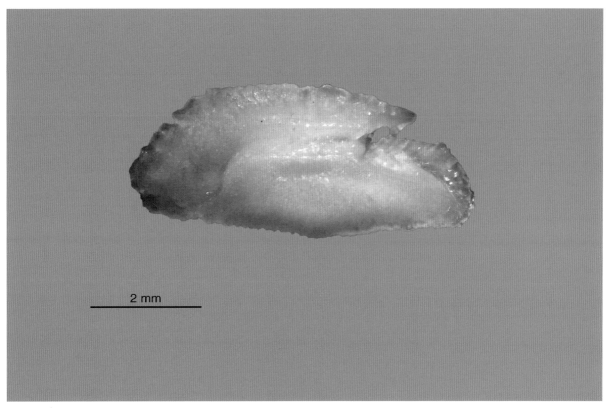

2 mm

（采样地点：东岛）

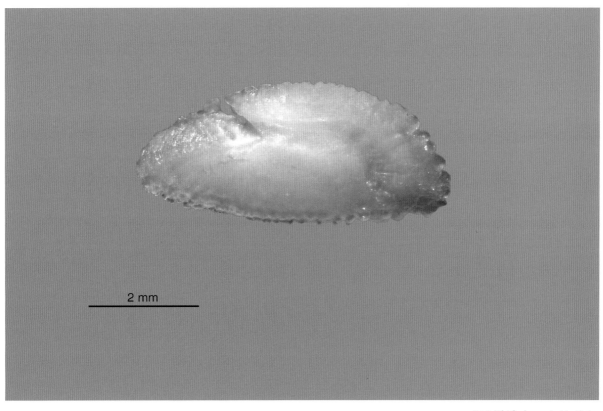

2 mm

（采样地点：七连屿）

长鳍鲹

Kyphosus cinerascens (Forsskål, 1775)

（采样地点：东岛）

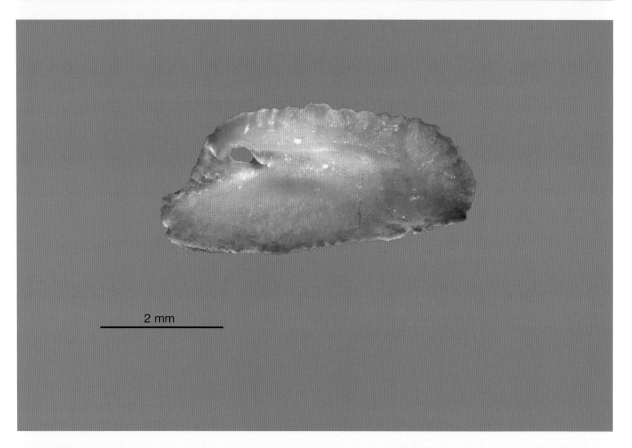

2 mm

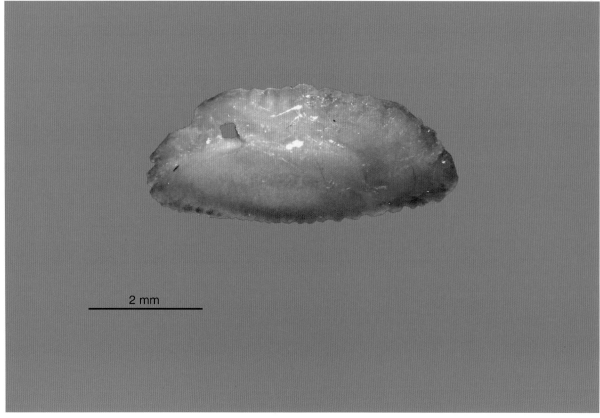

2 mm

（采样地点：东岛）

横带唇鱼

Cheilinus fasciatus (Bloch, 1791)

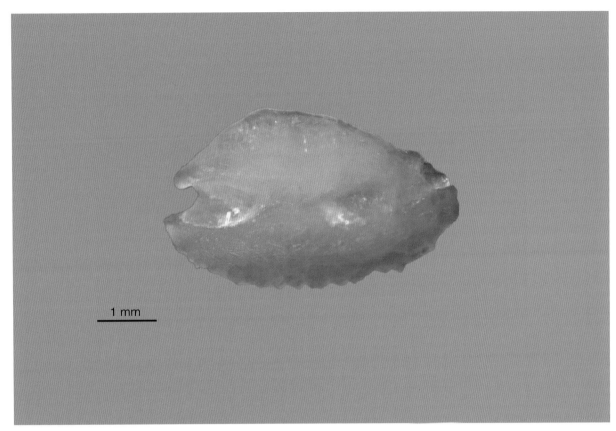

1 mm

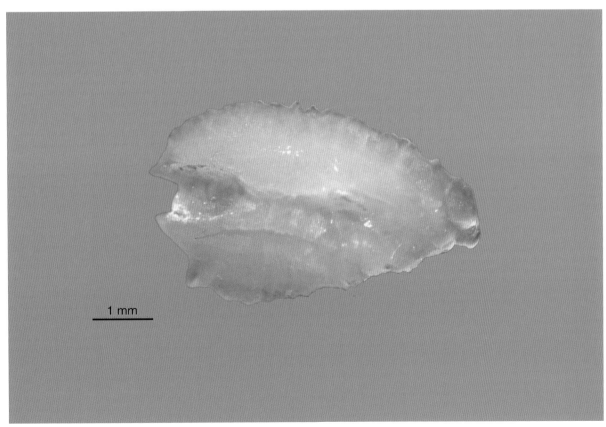

1 mm

（采样地点：美济礁）

三叶唇鱼

Cheilinus trilobatus Lacepède, 1801

（采样地点：晋卿岛）

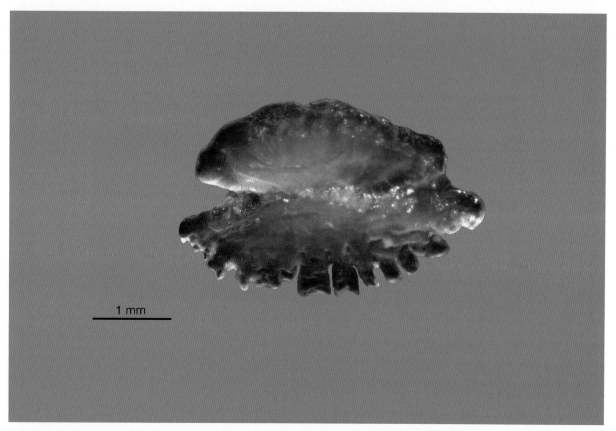

1 mm

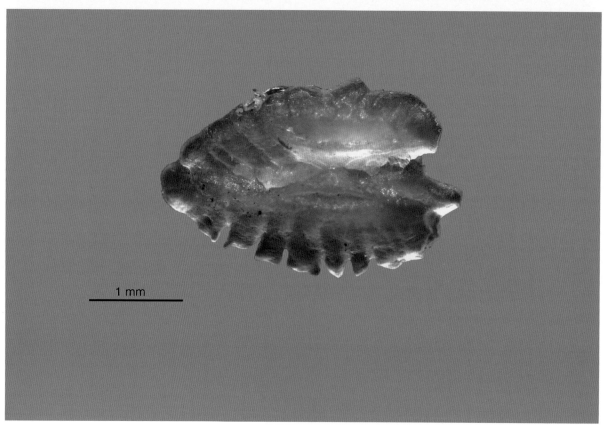

1 mm

（采样地点：晋卿岛）

西里伯斯唇鱼

Oxycheilinus celebicus (Bleeker, 1853)

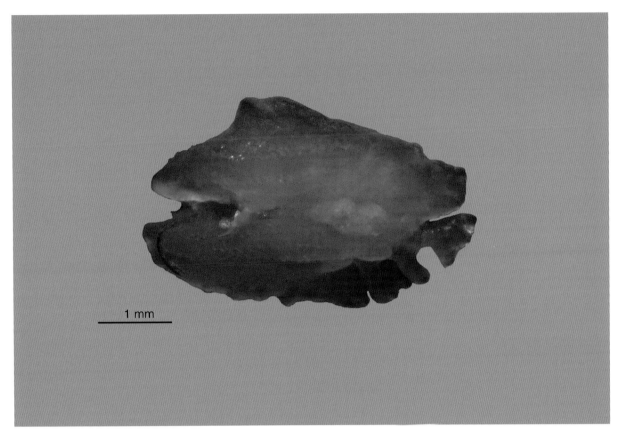

1 mm

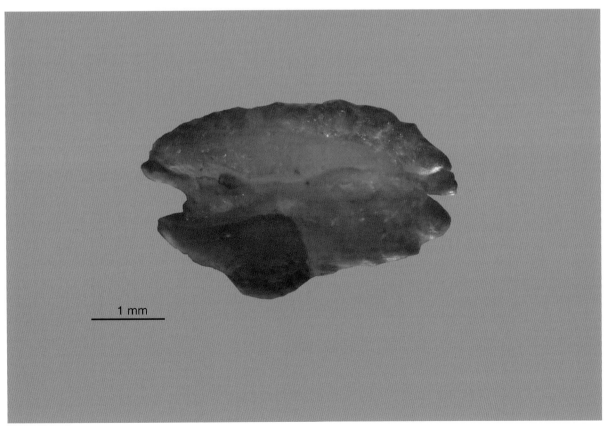

1 mm

（采样地点：美济礁）

黑鳍厚唇鱼
Hemigymnus melapterus (Bloch, 1791)

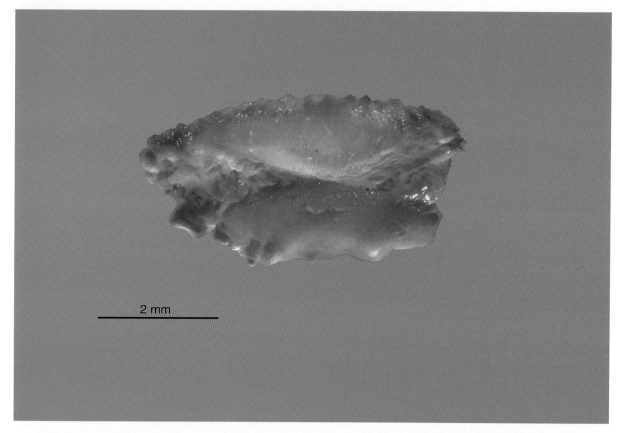

2 mm

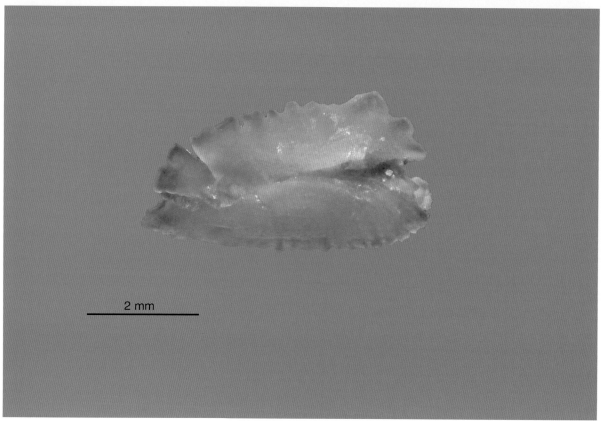

2 mm

黑鳍厚唇鱼

（采样地点：七连屿）

横带厚唇鱼

Hemigymnus fasciatus (Bloch, 1792)

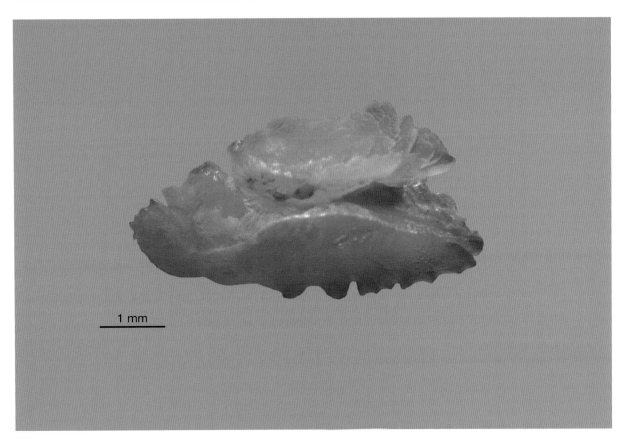

1 mm

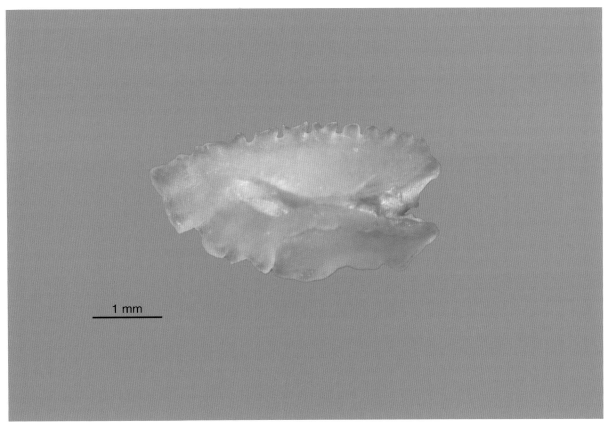

1 mm

（采样地点：七连屿）

绿尾唇鱼

Cheilinus chlorourus (Bloch, 1791)

1 mm

（采样地点：晋卿岛）

双线尖唇鱼

Oxycheilinus digramma (Lacepède, 1801)

1 mm

（采样地点：美济礁）

狭带细鳞盔鱼

Hologymnosus doliatus (Lacepède, 1801)

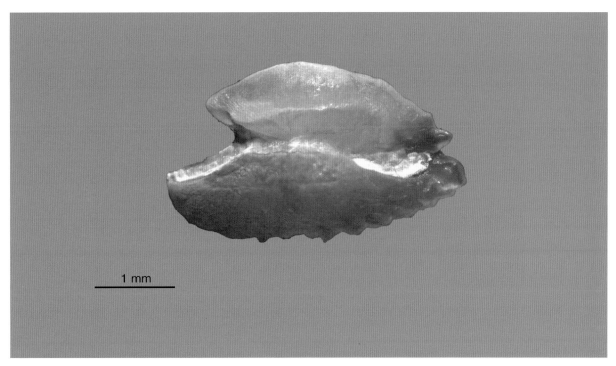

1 mm

（采样地点：东岛）

九棘高体盔鱼

Pteragogus enneacanthus (Bleeker, 1853)

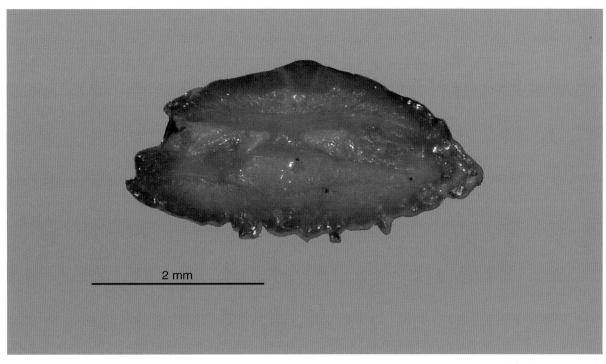

2 mm

（采样地点：珠江口）

杂色尖嘴鱼

Gomphosus varius Lacepède, 1801

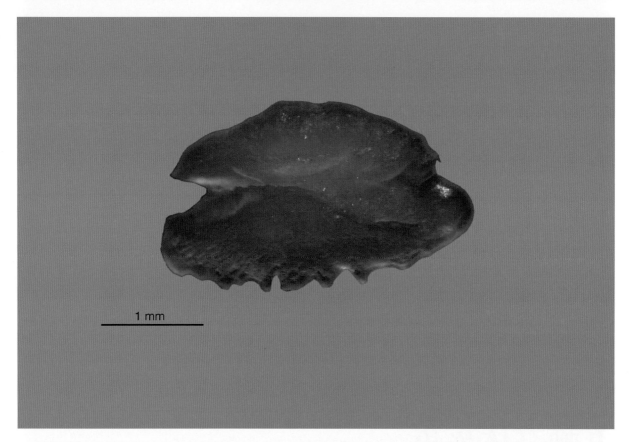

1 mm

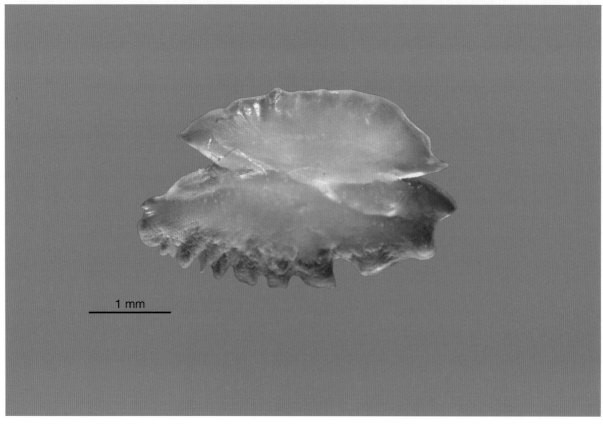

1 mm

（采样地点：七连屿）

露珠盔鱼

Coris gaimard **(Quoy & Gaimard, 1824)**

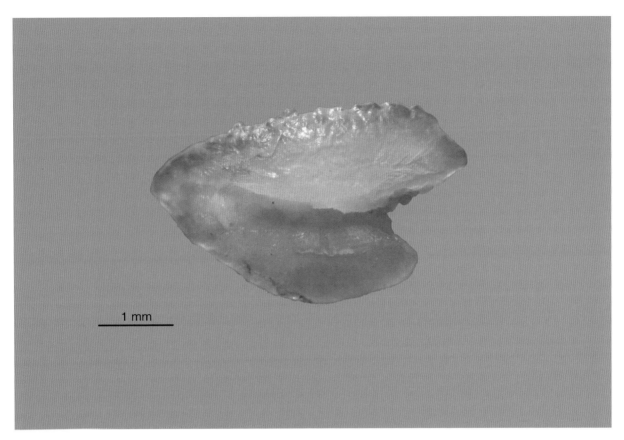

1 mm

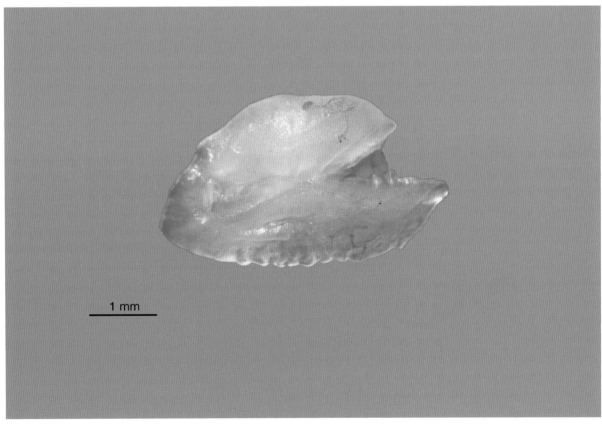

1 mm

（采样地点：美济礁）

伸口鱼

Epibulus insidiator (Pallas, 1770)

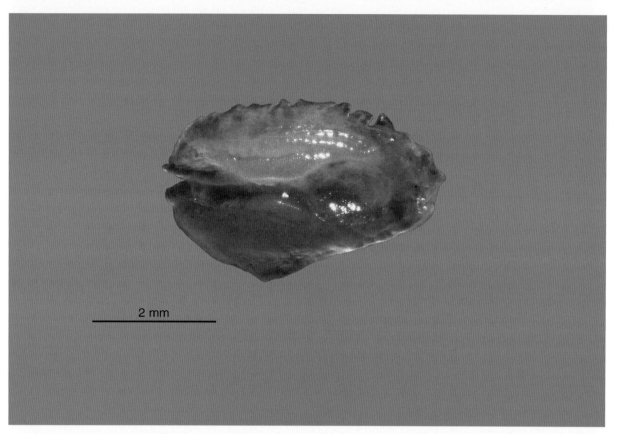

2 mm

2 mm

（采样地点：七连屿）

云斑海猪鱼

Halichoeres nigrescens (Bloch & Schneider, 1801)

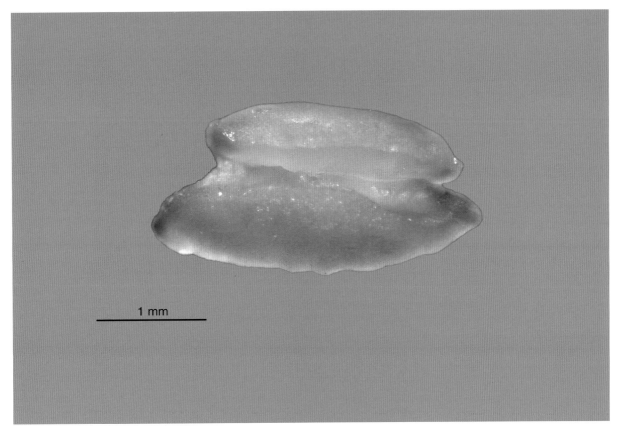

1 mm

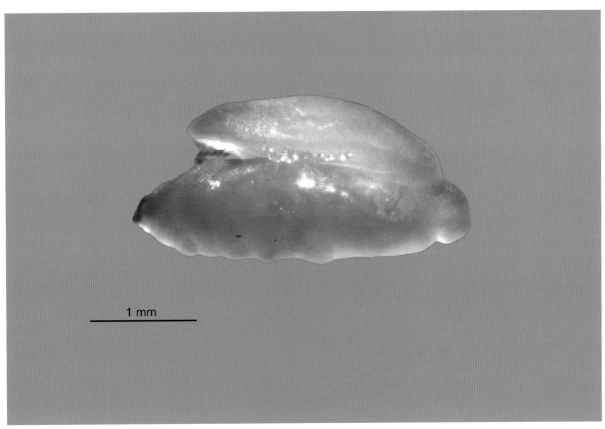

1 mm

（采样地点：徐闻）

带尾美鳍鱼

Novaculichthys taeniourus (Lacepède, 1801)

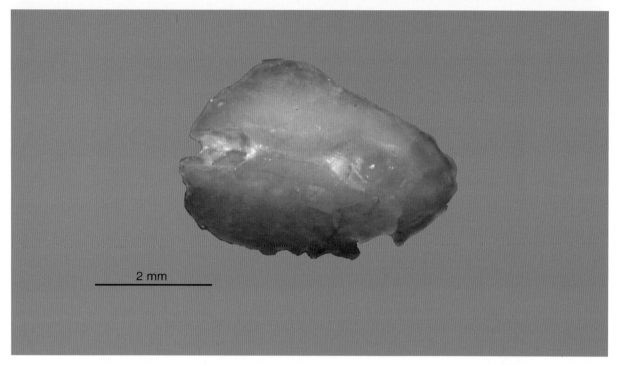

2 mm

（采样地点：七连屿）

格纹海猪鱼

Halichoeres hortulanus (Lacepède, 1801)

1 mm

（采样地点：美济礁）

三斑海猪鱼

Halichoeres trimaculatus (Quoy & Gaimard, 1834)

1 mm

（采样地点：七连屿）

花鳍副海猪鱼

Parajulis poecilepterus (Temminck & Schlegel, 1845)

1 mm

（采样地点：珠江口）

双带普提鱼

Bodianus bilunulatus (Lacepède, 1801)

2 mm

（采样地点：七连屿）

紫锦鱼

Thalassoma purpureum (Forsskål, 1775)

1 mm

（采样地点：七连屿）

单带尖唇鱼

Oxycheilinus unifasciatus (Streets, 1877)

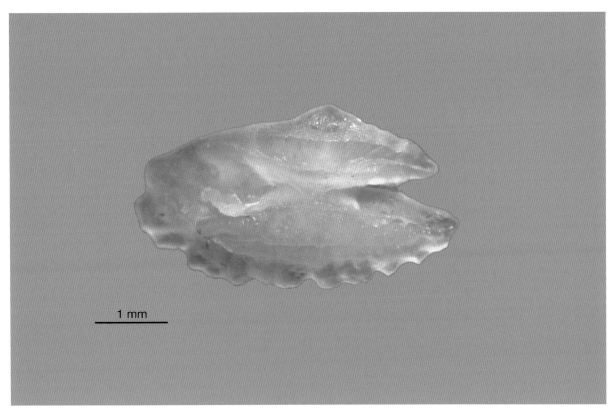

1 mm

（采样地点：美济礁）

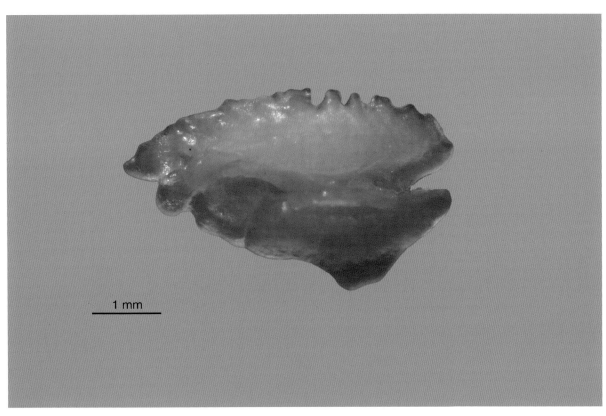

1 mm

（采样地点：七连屿）

断带紫胸鱼

Stethojulis interrupta (Bleeker, 1851)

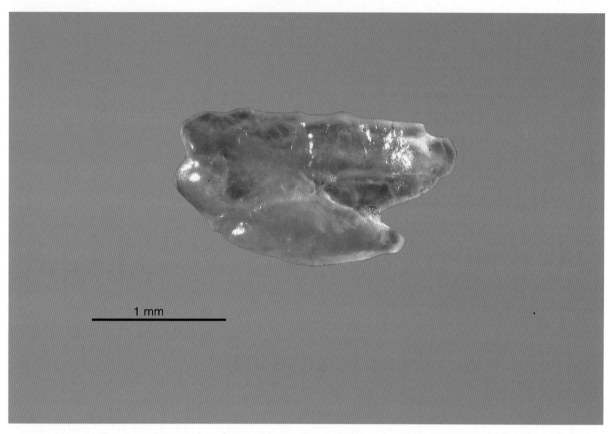

1 mm

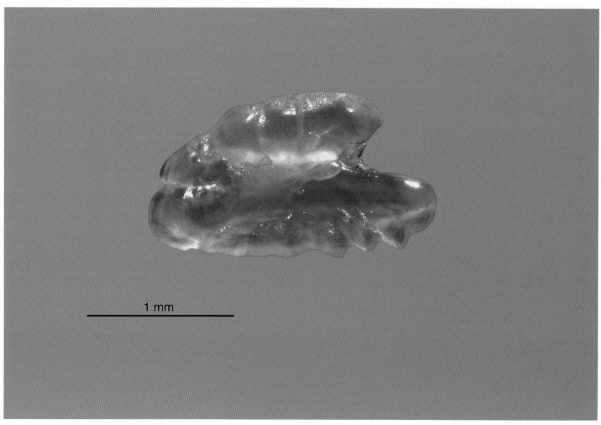

1 mm

断带紫胸鱼

（采样地点：珠江口）

单列齿鲷

Monotaxis grandoculis (Forsskål, 1775)

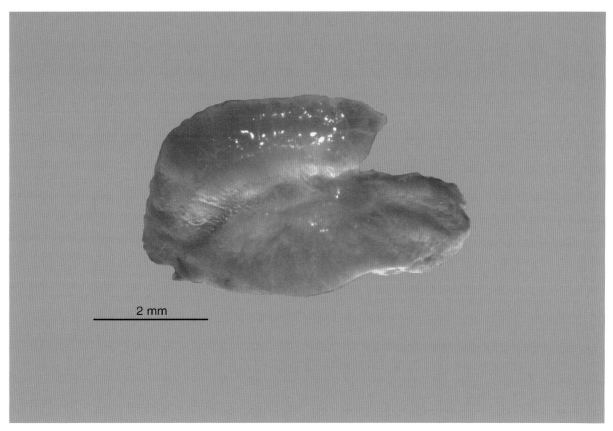

2 mm

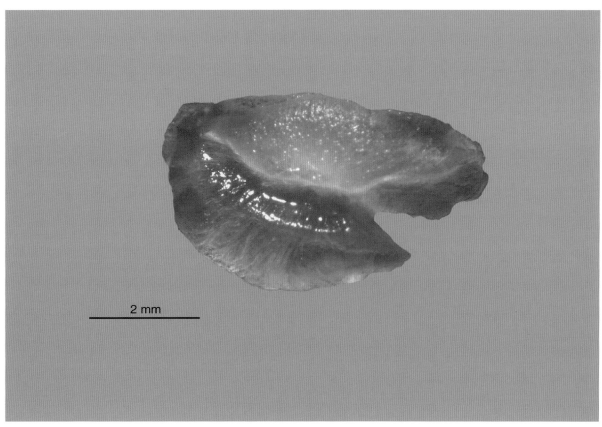

2 mm

（采样地点：美济礁）

红裸颊鲷

Lethrinus rubrioperculatus Sato, 1978

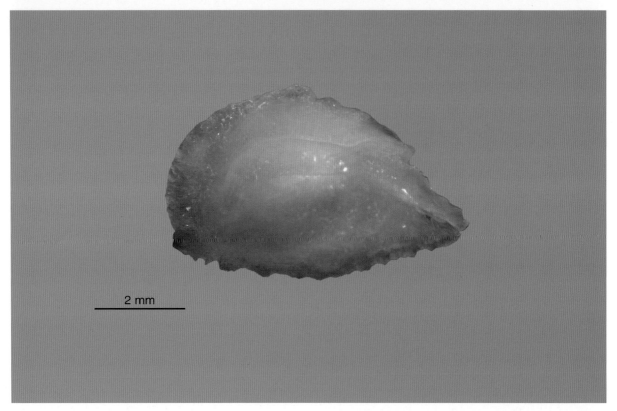

（采样地点：东岛）

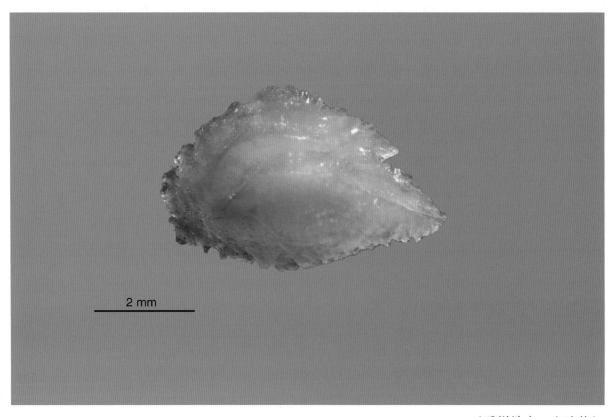

（采样地点：七连屿）

黄唇裸颊鲷

Lethrinus xanthochilus **Klunzinger, 1870**

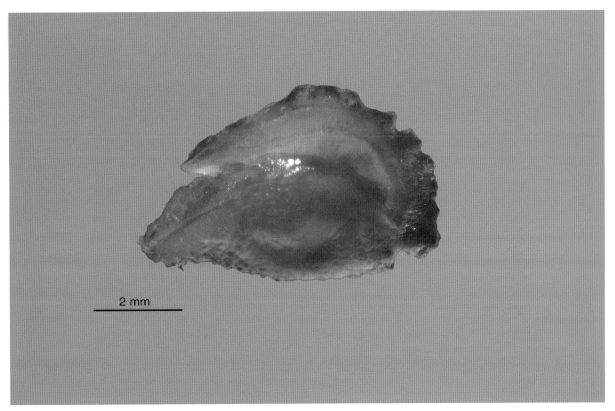

2 mm

（采样地点：东岛）

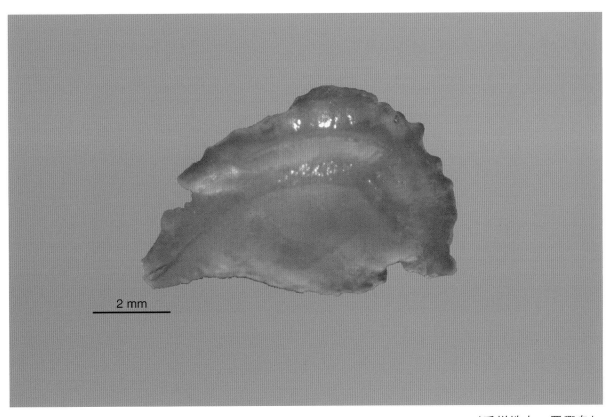

2 mm

（采样地点：晋卿岛）

赤鳍裸颊鲷

Lethrinus erythropterus Valenciennes, 1830

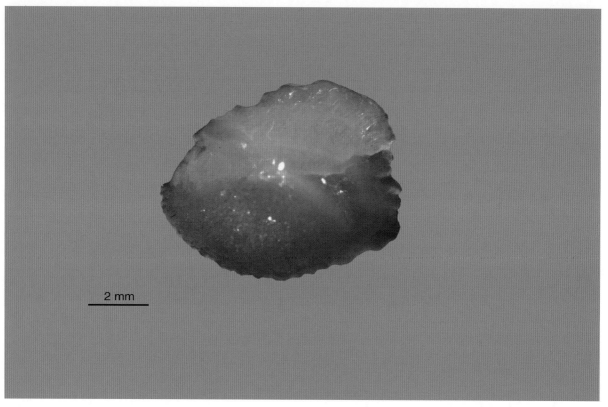

2 mm

（采样地点：羚羊礁）

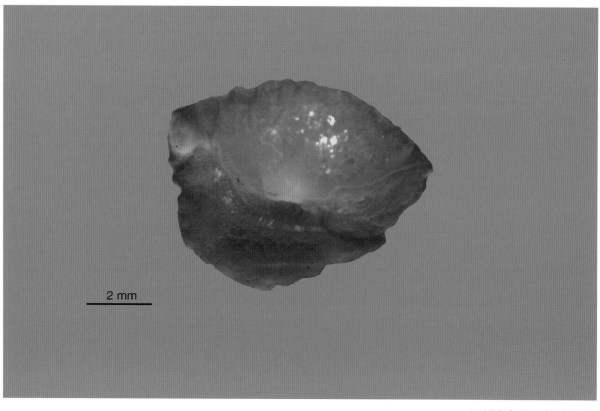

2 mm

（采样地点：美济礁）

杂色裸颊鲷

Lethrinus variegatus Valenciennes, 1830

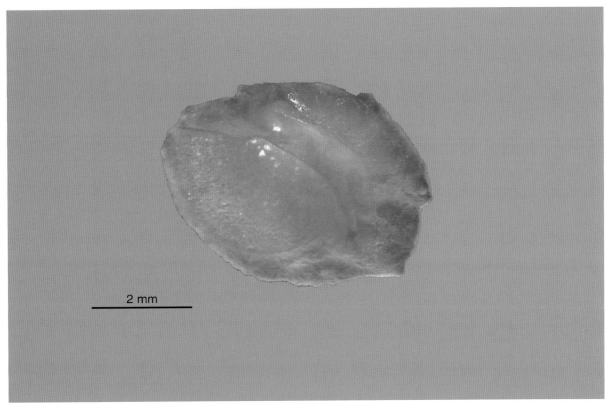

2 mm

（采样地点：美济礁）

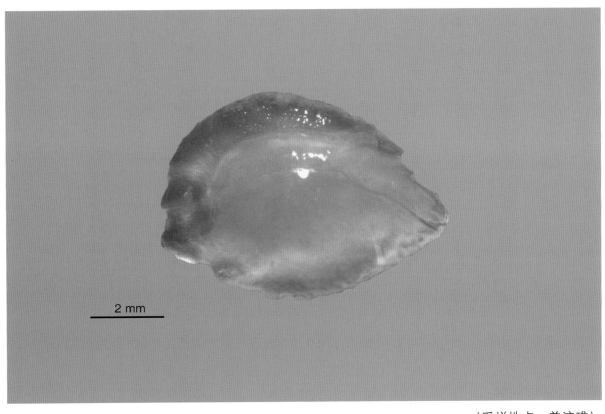

2 mm

（采样地点：美济礁）

黄尾裸颊鲷

Lethrinus mahsena (Forsskål, 1775)

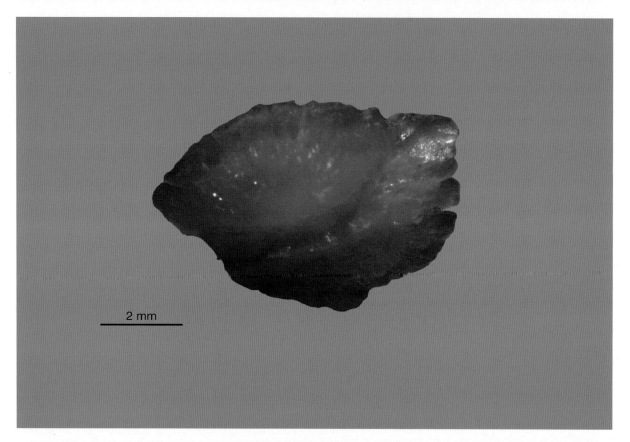

2 mm

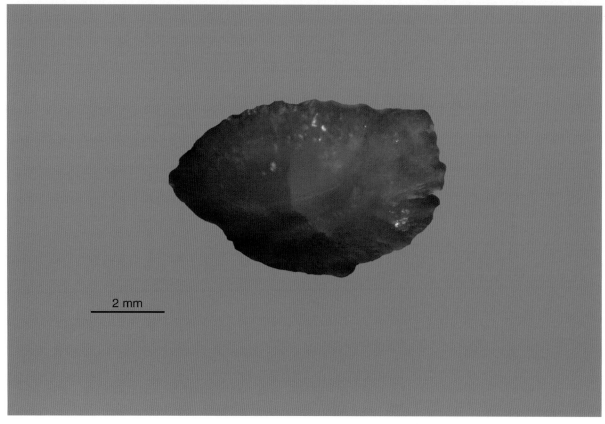

2 mm

〔采样地点：美济礁〕

桔带裸颊鲷

Lethrinus obsoletus (Forsskål, 1775)

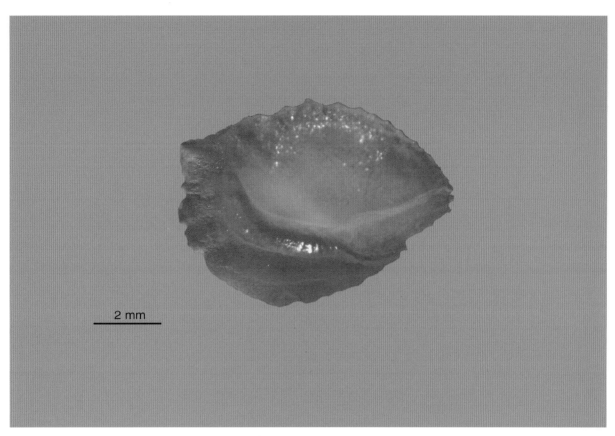

2 mm

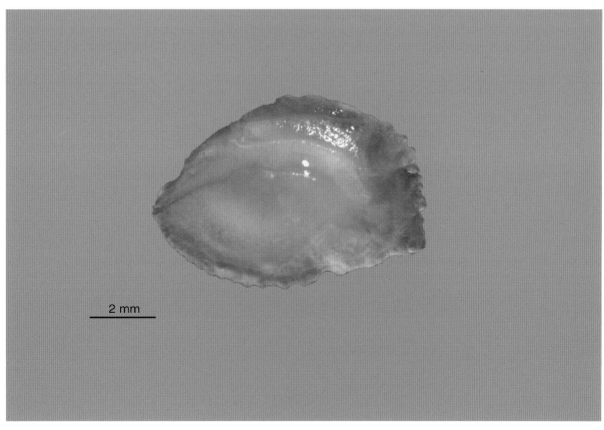

2 mm

（采样地点：美济礁）

星斑裸颊鲷

Lethrinus nebulosus (Forsskål, 1775)

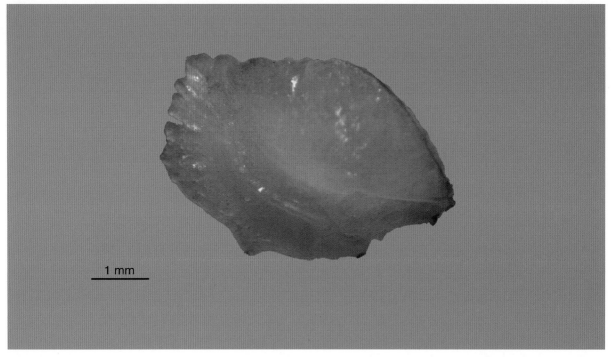

1 mm

（采样地点：美济礁）

阿氏裸颊鲷

Lethrinus atkinsoni Seale, 1910

2 mm

（采样地点：七连屿）

尖吻裸颊鲷

Lethrinus olivaceus **Valenciennes, 1830**

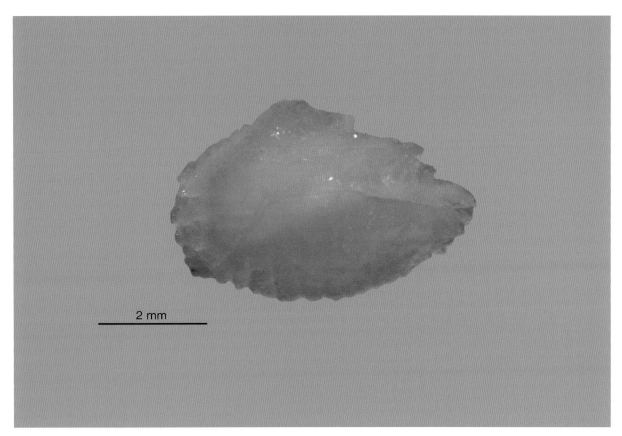

2 mm

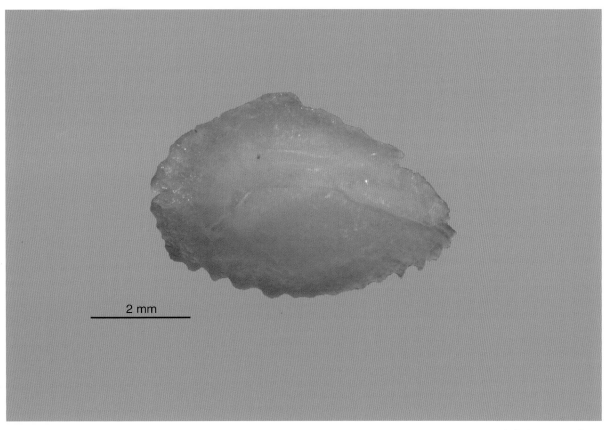

2 mm

（采样地点：晋卿岛）

小牙裸颊鲷

Lethrinus microdon

（采样地点：七连屿）

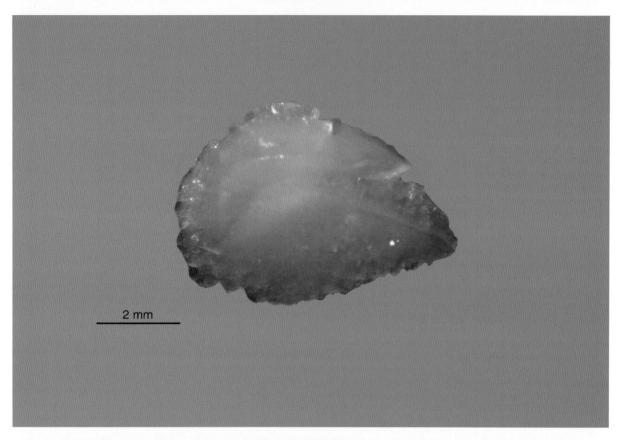

2 mm

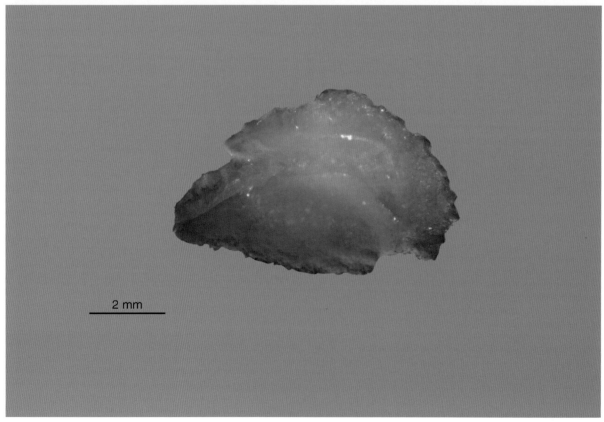

2 mm

金带齿颌鲷

Gnathodentex aureolineatus (Lacepède, 1802)

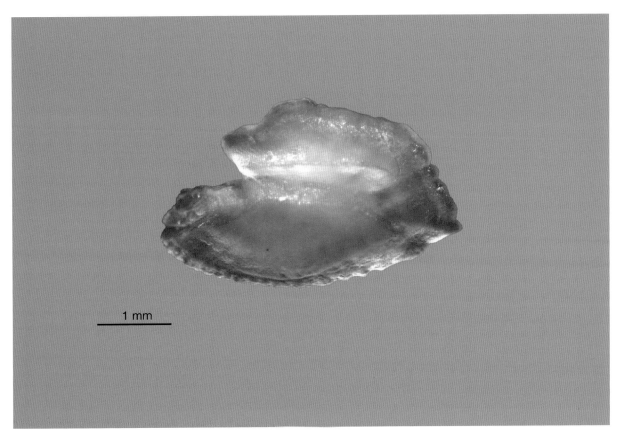

1 mm

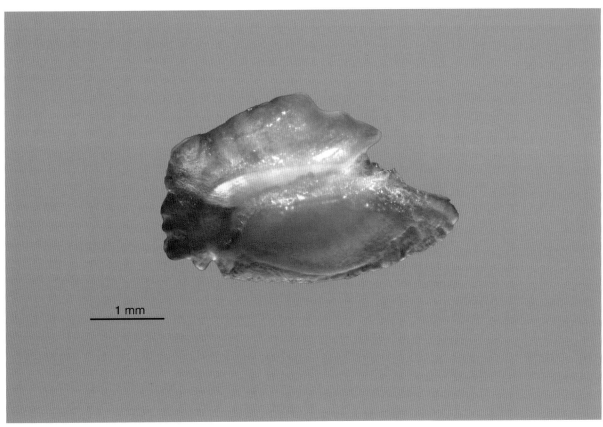

1 mm

（采样地点：晋卿岛）

四线笛鲷

Lutjanus kasmira (Forsskål, 1775)

2 mm

（采样地点：东岛）

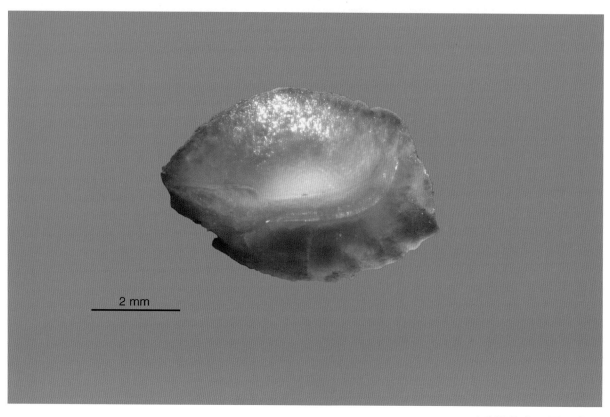

2 mm

（采样地点：晋卿岛）

白斑笛鲷

Lutjanus bohar (Forsskål, 1775)

2 mm

（采样地点：七连屿）

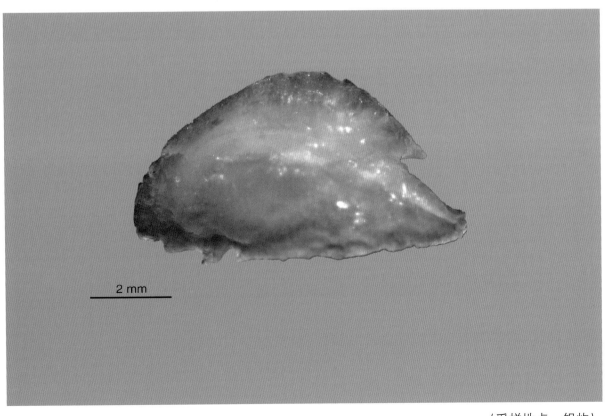

2 mm

（采样地点：银屿）

黑背羽鳃笛鲷
Macolor niger (Forsskål, 1775)

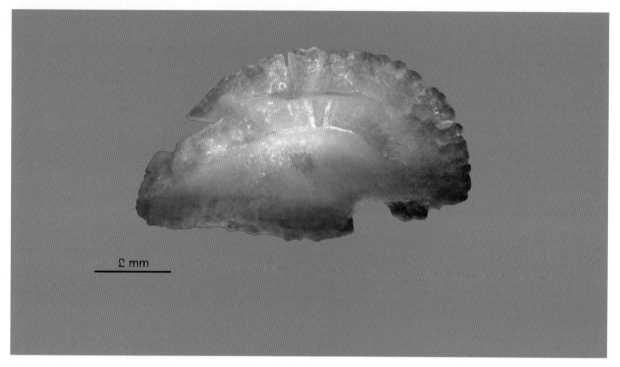

2 mm

（采样地点：东岛）

焦黄笛鲷
Lutjanus fulvus (Forster, 1801)

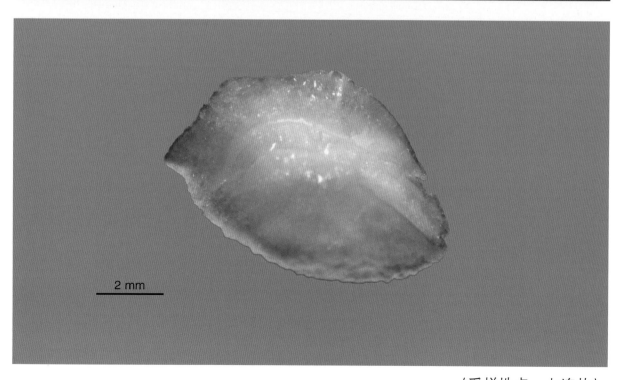

2 mm

（采样地点：七连屿）

隆背笛鲷

Lutjanus gibbus (Forsskål, 1775)

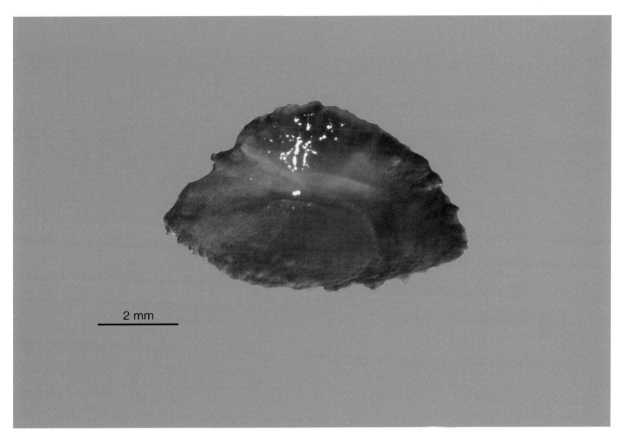

2 mm

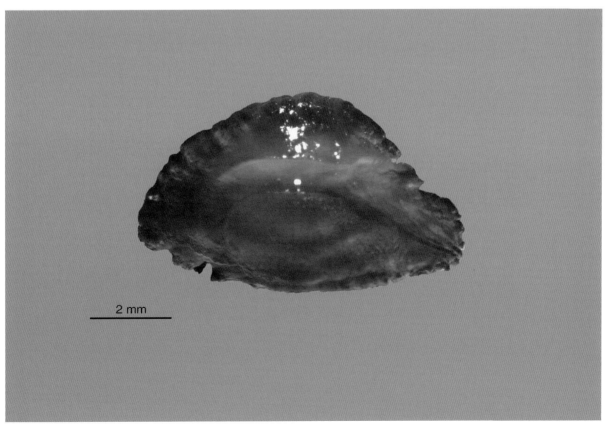

2 mm

（采样地点：晋卿岛）

金焰笛鲷

Lutjanus fulviflamma (Forsskål, 1775)

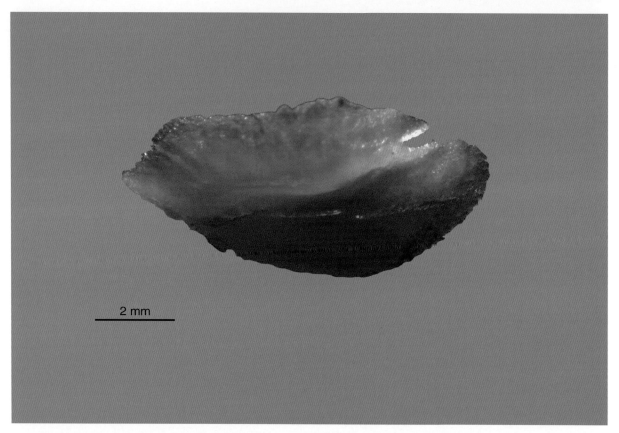

2 mm

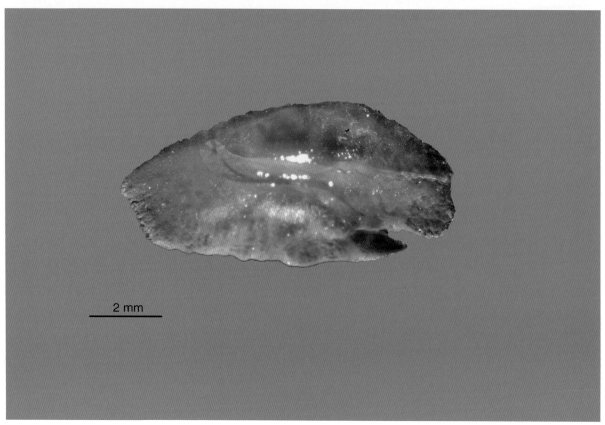

2 mm

〔采样地点：徐闻〕

勒氏笛鲷

Lutjanus russellii (Bleeker, 1849)

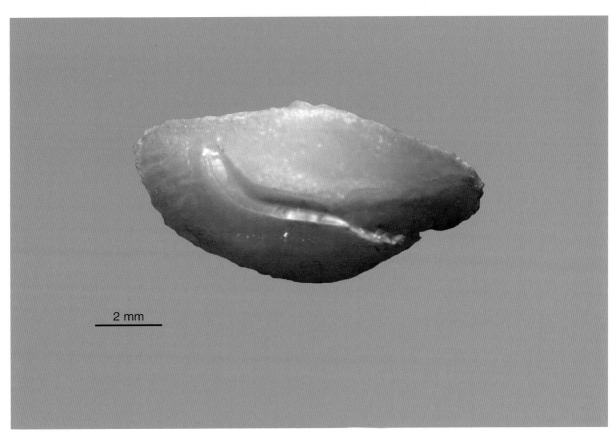

2 mm

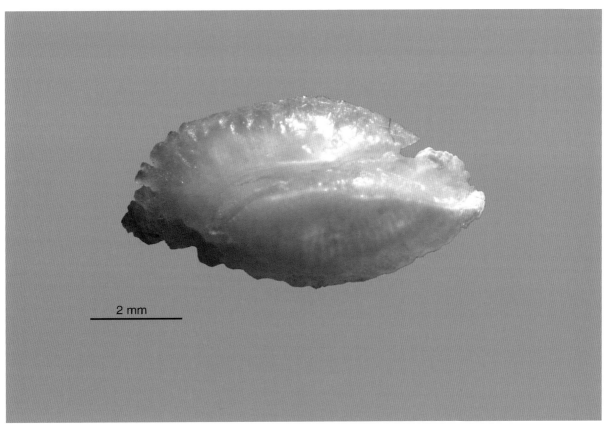

2 mm

（采样地点：珠江口）

叉尾鲷
Aphareus furca (Lacepède, 1801)

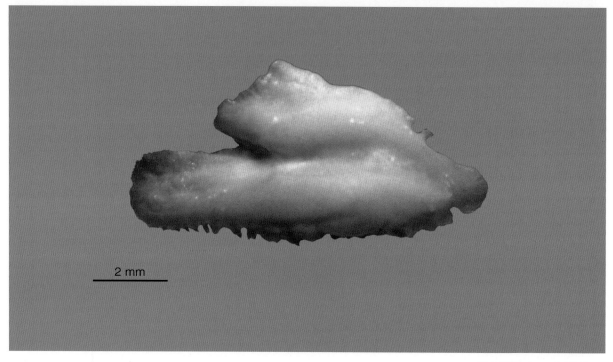

2 mm

（采样地点：七连屿）

点纹副绯鲤
Parupeneus spilurus (Bleeker, 1854)

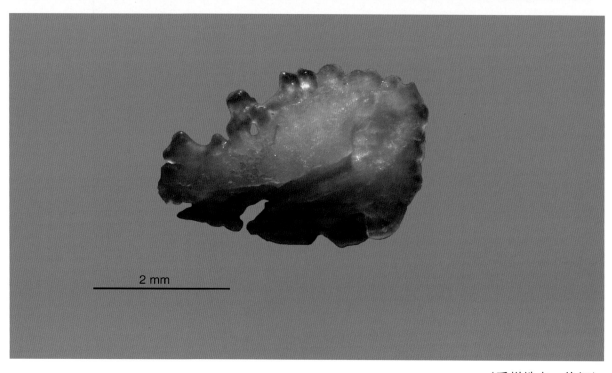

2 mm

（采样地点：徐闻）

条斑副绯鲤

Parupeneus barberinus **(Lacepède, 1801)**

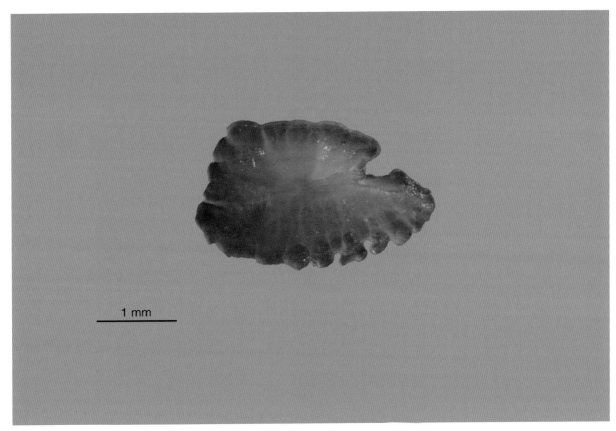

1 mm

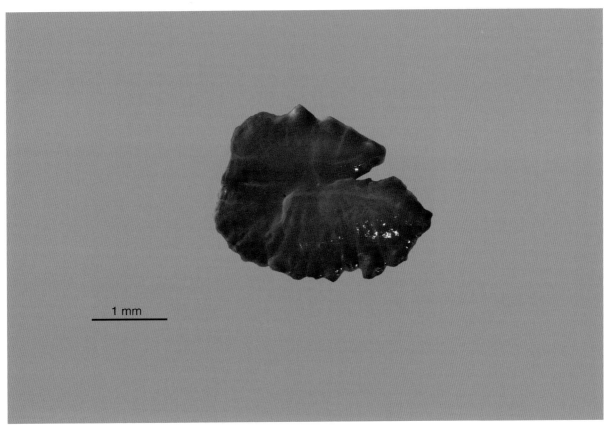

1 mm

（采样地点：晋卿岛）

多带副绯鲤

Parupeneus multifasciatus (Quoy & Gaimard, 1825)

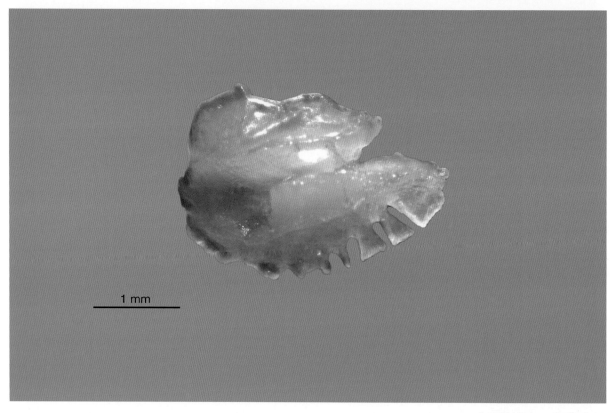

1 mm

（采样地点：全富岛）

1 mm

（采样地点：东岛）

黑斑副绯鲤

Parupeneus pleurostigma (Bennett, 1831)

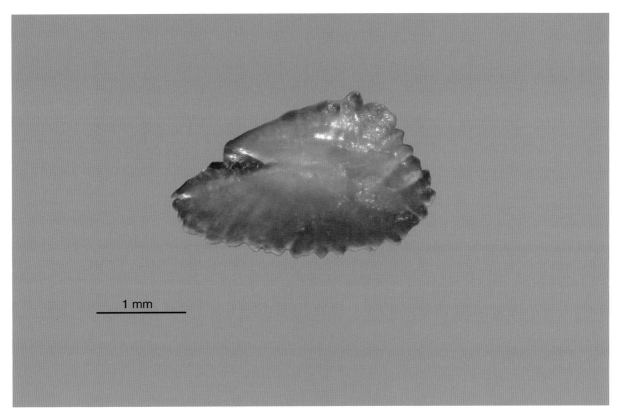

1 mm

（采样地点：徐闻）

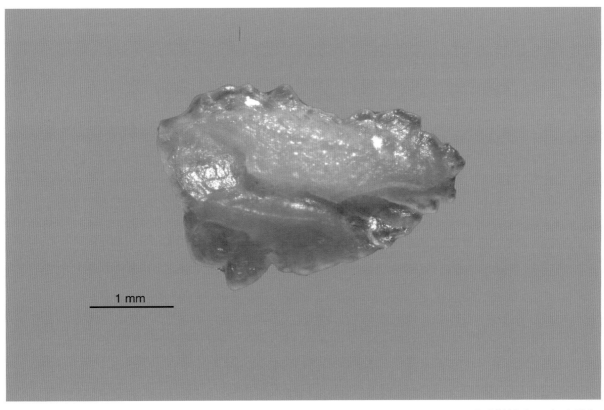

1 mm

（采样地点：七连屿）

印度副绯鲤

Parupeneus indicus (Shaw, 1803)

（采样地点：晋卿岛）

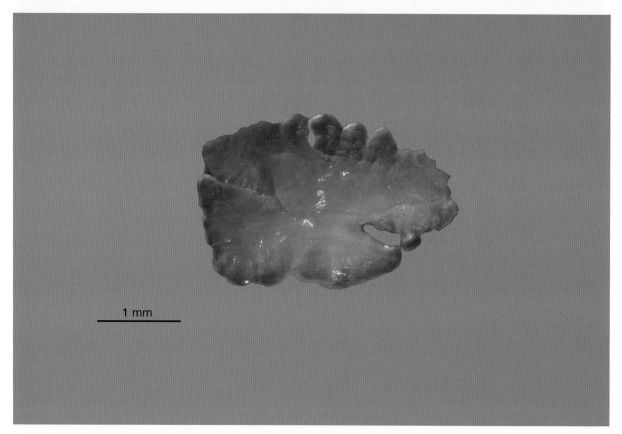

1 mm

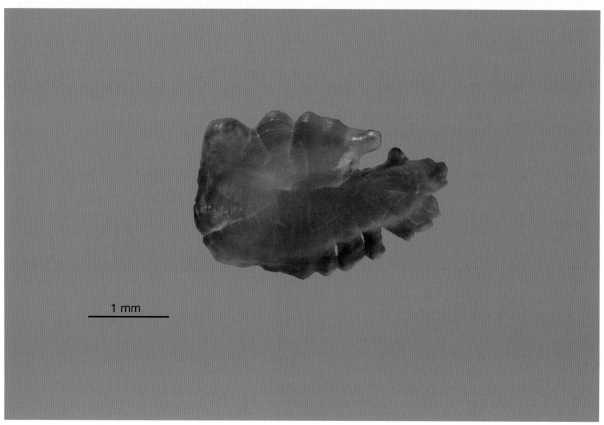

1 mm

（采样地点：晋卿岛）

圆口副绯鲤

Parupeneus cyclostomus (Lacepède, 1801)

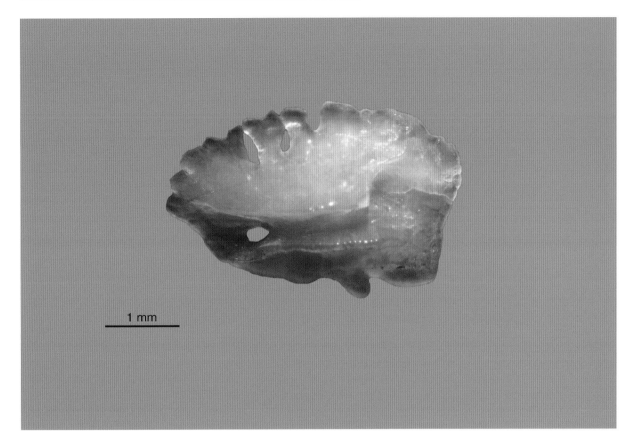

1 mm

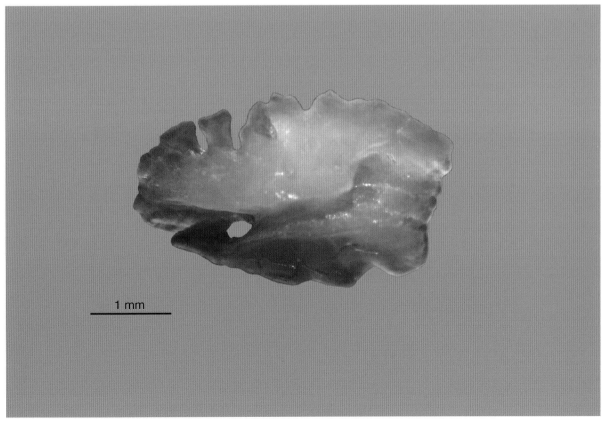

1 mm

（采样地点：七连屿）

三带副绯鲤

Parupeneus trifasciatus (Lacepède, 1801)

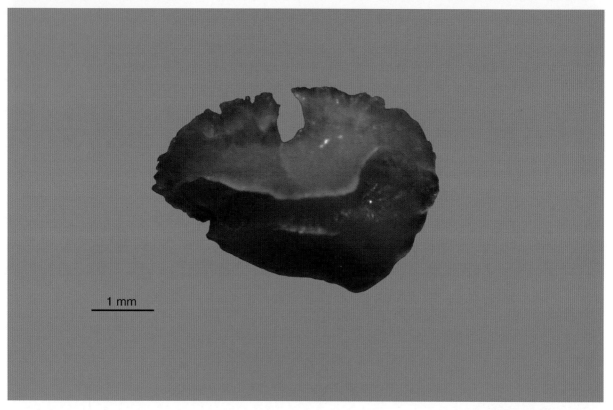

1 mm

（采样地点：羚羊礁）

1 mm

（采样地点：七连屿）

福氏副绯鲤

Parupeneus forsskali (Fourmanoir & Guézé, 1976)

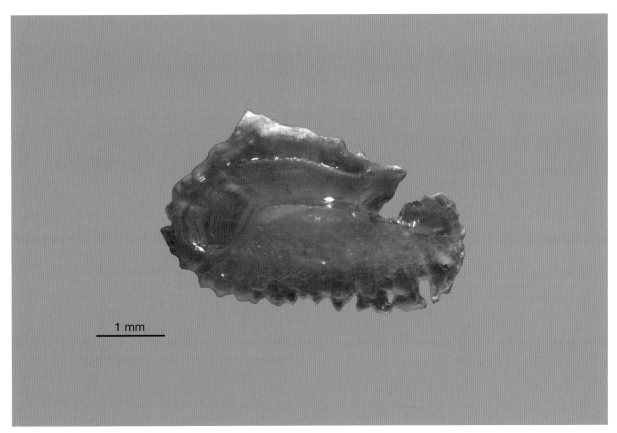

1 mm

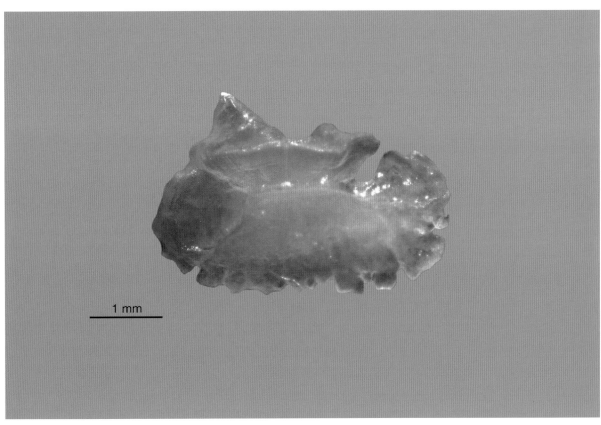

1 mm

（采样地点：七连屿）

马六甲绯鲤

Upeneus moluccensis (Bleeker, 1855)

1 mm

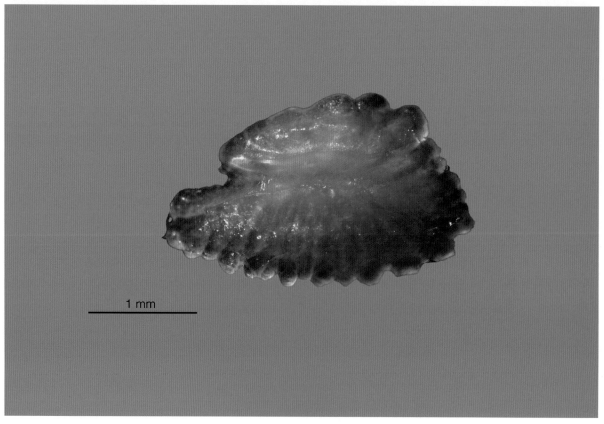

1 mm

（采样地点：徐闻）

无斑拟羊鱼

Mulloidichthys vanicolensis (Valenciennes, 1831)

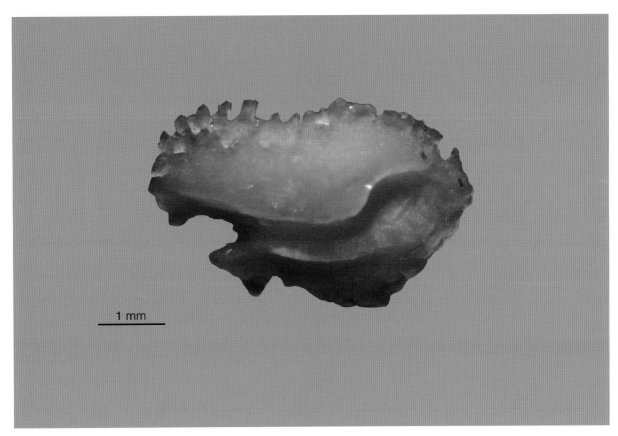

1 mm

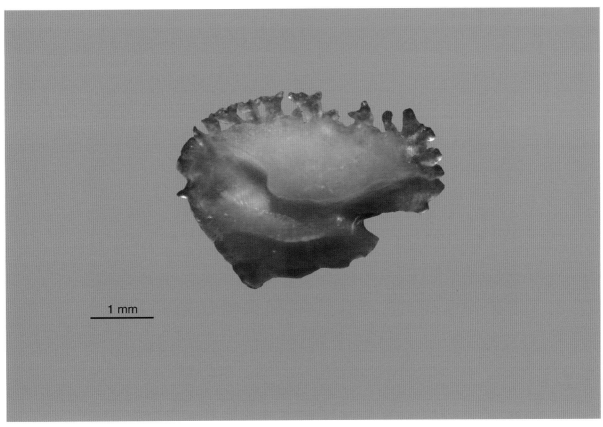

1 mm

（采样地点：东岛）

短须副绯鲤

Parupeneus ciliatus (Lacepède, 1802)

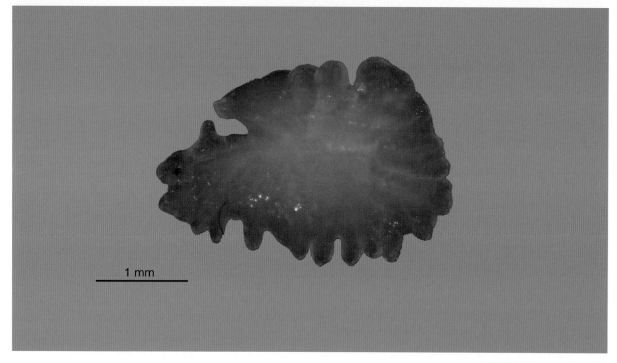

1 mm

（采样地点：珠江口）

双带眶棘鲈

Scolopsis bilineata (Bloch, 1793)

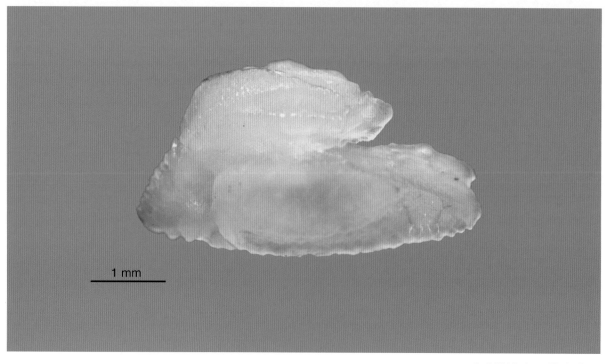

1 mm

（采样地点：美济礁）

乌面眶棘鲈

Scolopsis affinis Peters, 1877

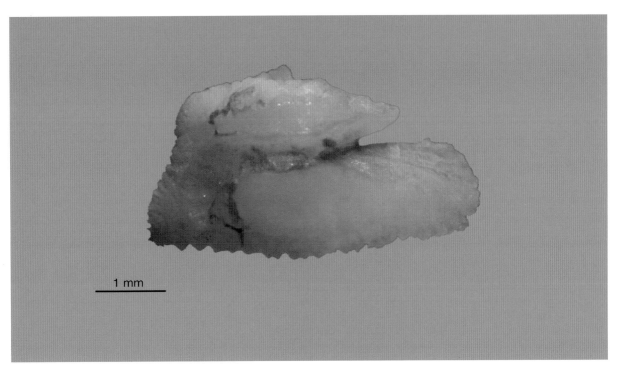

1 mm

伏氏眶棘鲈

Scolopsis vosmeri (Bloch, 1792)

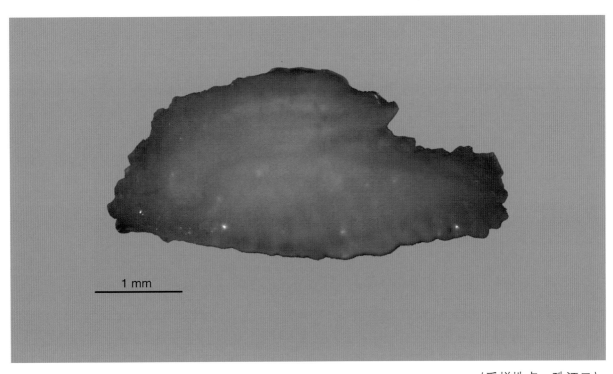

1 mm

三带眶棘鲈

Scolopsis trilineata Kner, 1868

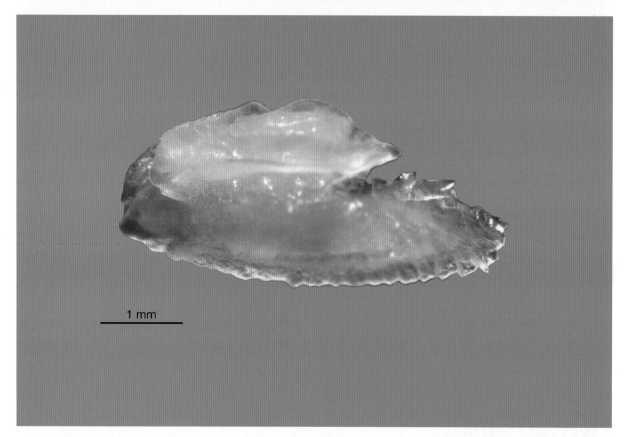

1 mm

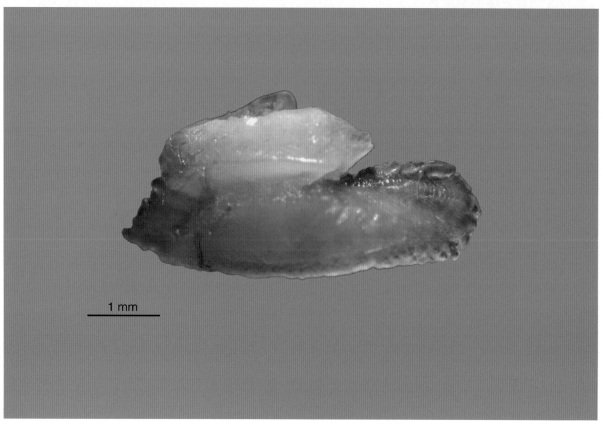

1 mm

三带眶棘鲈

（采样地点：晋卿岛）

线纹眶棘鲈

Scolopsis lineata Quoy & Gaimard, 1824

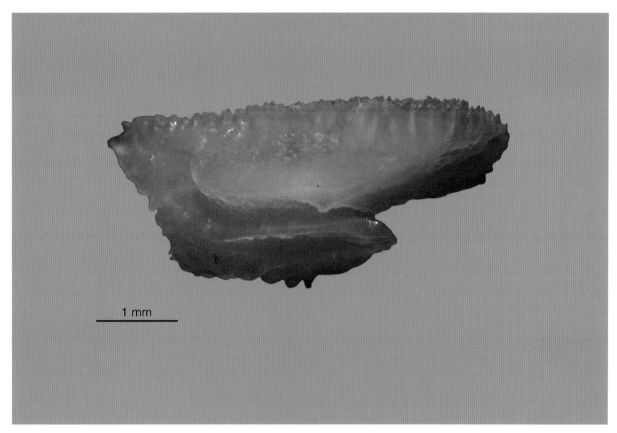

1 mm

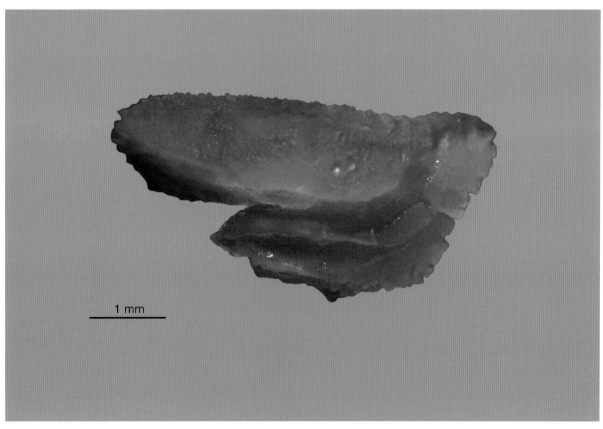

1 mm

（采样地点：晋卿岛）

犬牙锥齿鲷

Pentapodus caninus (Cuvier, 1830)

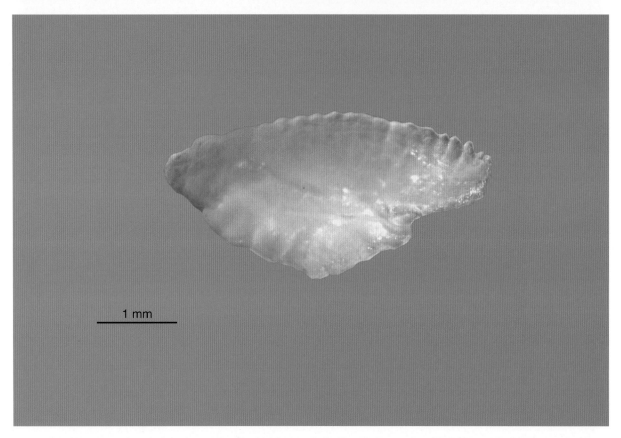

1 mm

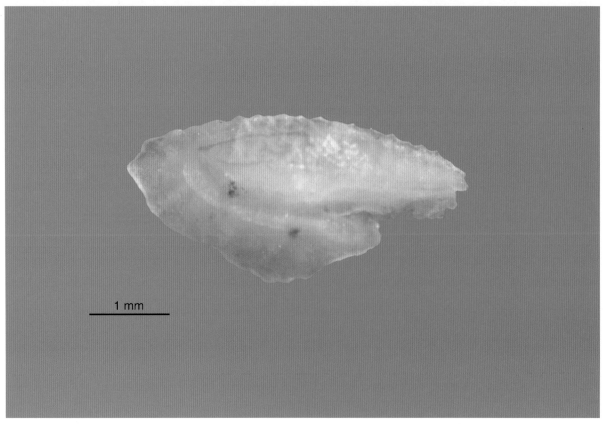

1 mm

（采样地点：美济礁）

黑稍单鳍鱼

Pempheris oualensis Cuvier, 1831

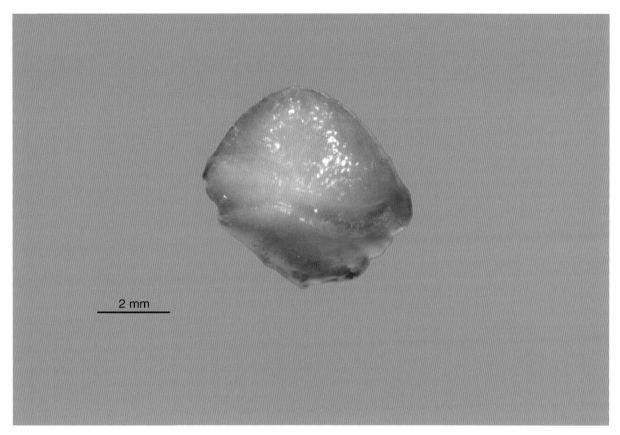

2 mm

（采样地点：七连屿）

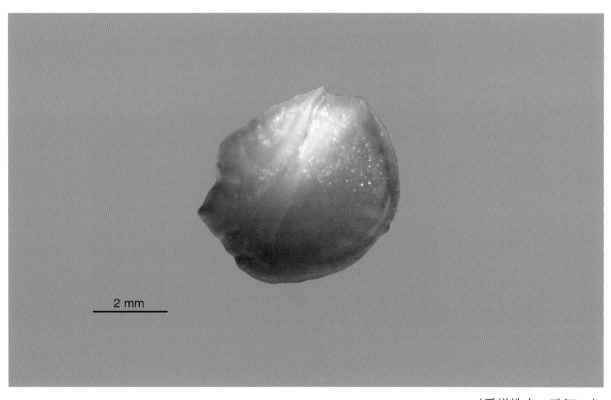

2 mm

（采样地点：珠江口）

五带豆娘鱼

Abudefduf vaigiensis **(Quoy & Gaimard, 1825)**

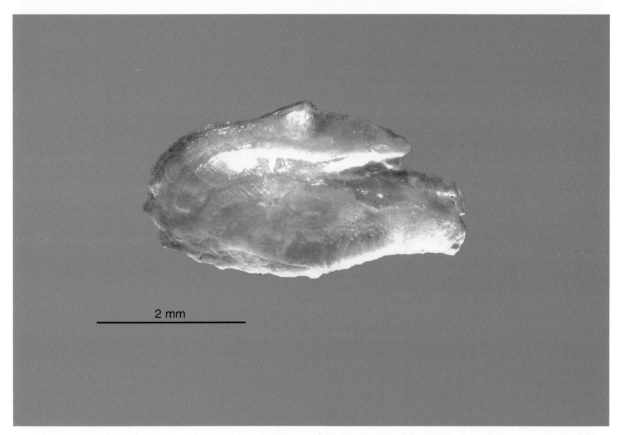

2 mm

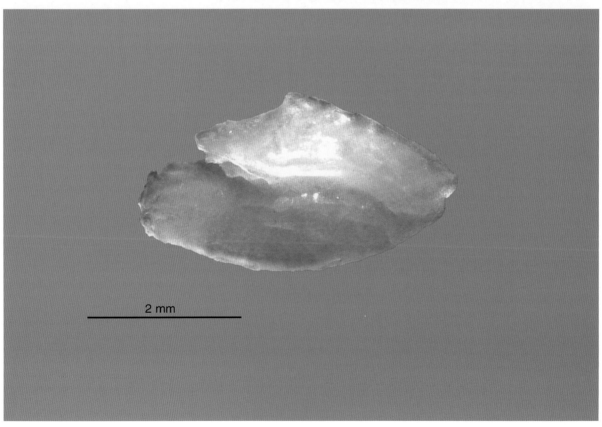

2 mm

（采样地点：晋卿岛）

库拉索凹牙豆娘鱼

Amblyglyphidodon curacao (Bloch, 1787)

1 mm

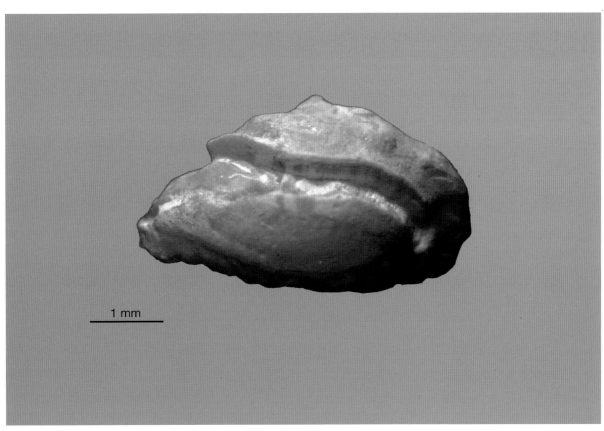

1 mm

（采样地点：七连屿）

七带豆娘鱼

Abudefduf septemfasciatus (Cuvier, 1830)

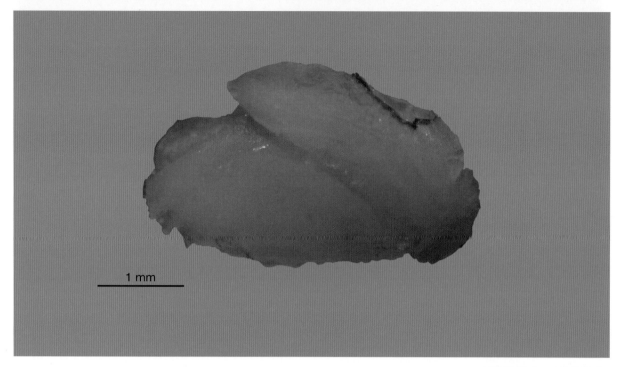

1 mm

（采样地点：晋卿岛）

三斑宅泥鱼

Dascyllus trimaculatus (Rüppell, 1829)

1 mm

（采样地点：七连屿）

孟加拉国豆娘鱼

Abudefduf bengalensis (Bloch, 1787)

1 mm

（采样地点：七连屿）

密鳃鱼

Hemiglyphidodon plagiometopon (Bleeker, 1852)

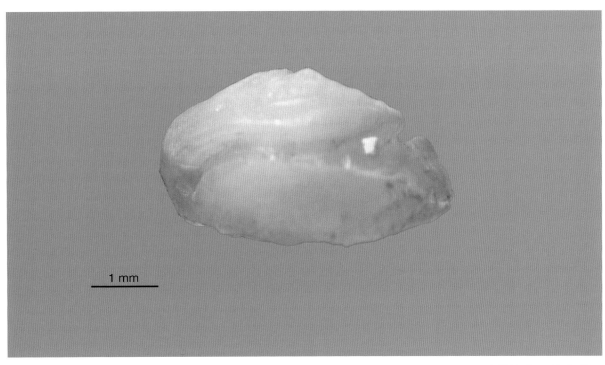

1 mm

（采样地点：美济礁）

胸斑雀鲷

Pomacentrus alexanderae Evermann & Seale, 1907

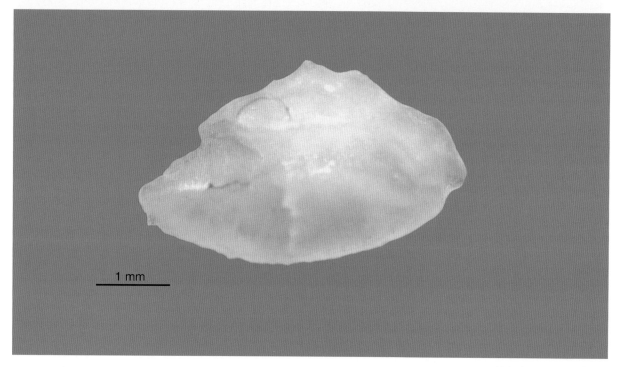

1 mm

（采样地点：美济礁）

菲律宾雀鲷

Pomacentrus philippinus Evermann & Seale, 1907

1 mm

（采样地点：七连屿）

条尾光鳃鱼

Chromis ternatensis (Bleeker, 1856)

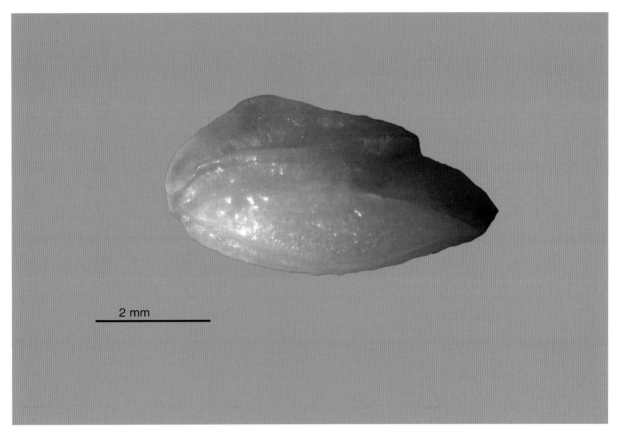

2 mm

2 mm

〔采样地点：珠江口〕

黑背盘雀鲷

Dischistodus prosopotaenia (Bleeker, 1852)

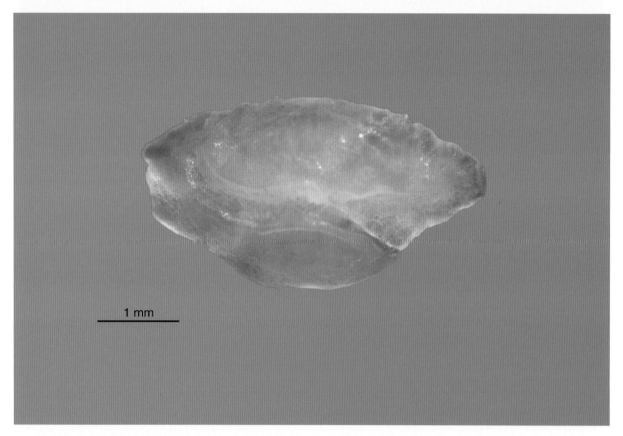

1 mm

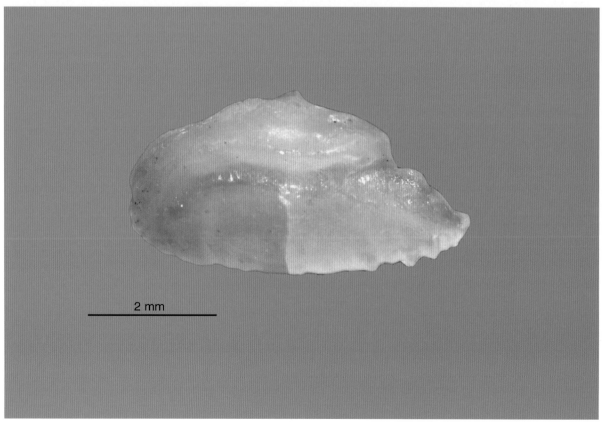

2 mm

（采样地点：七连屿）

双斑金翅雀鲷

Chrysiptera biocellata (Quoy & Gaimard, 1825)

1 mm

（采样地点：七连屿）

摩鹿加雀鲷

Pomacentrus moluccensis Bleeker, 1853

1 mm

（采样地点：七连屿）

长吻眶锯雀鲷

Stegastes lividus (Forster, 1801)

1 mm

（采样地点：七连屿）

白条双锯鱼

Amphiprion frenatus Brevoort, 1856

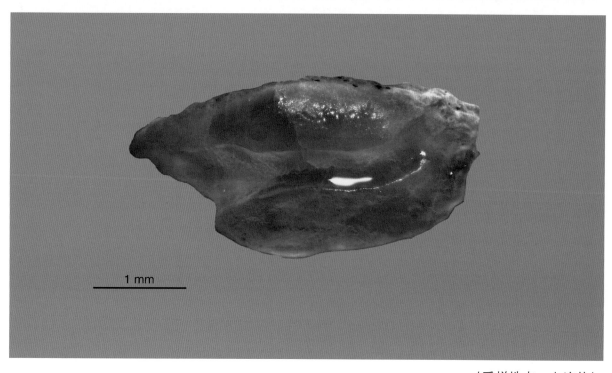

1 mm

（采样地点：七连屿）

蓝黑新雀鲷

Neopomacentrus cyanomos (Bleeker, 1856)

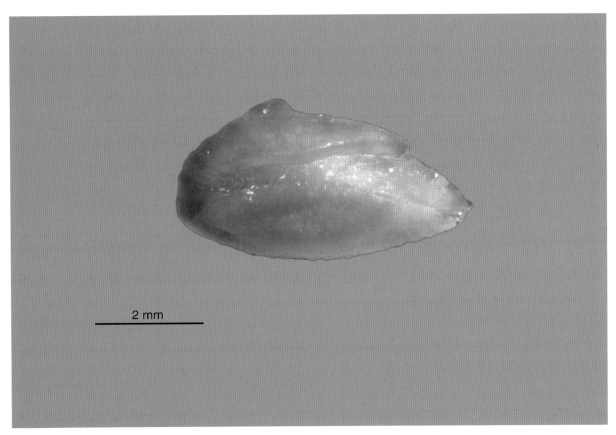

2 mm

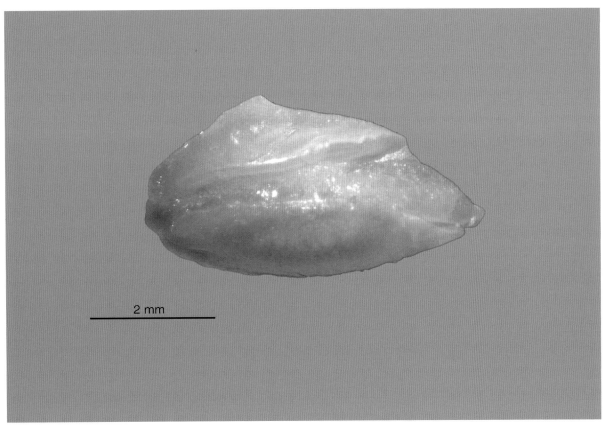

2 mm

（采样地点：珠江口）

克氏双锯鱼

Amphiprion clarkii (Bennett, 1830)

1 mm

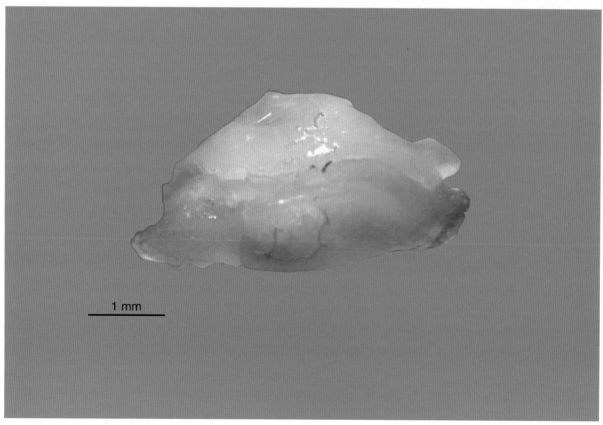

1 mm

（采样地点：七连屿）

二带双锯鱼

Amphiprion bicinctus Rüppell, 1830

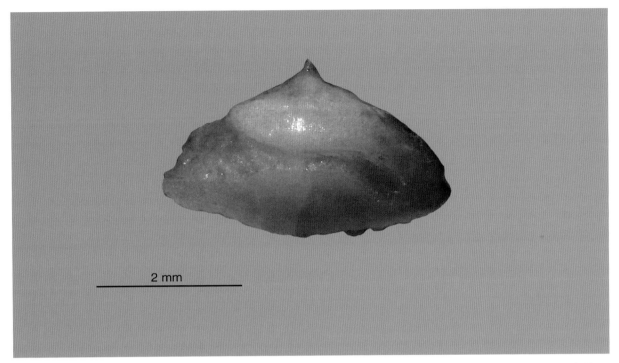

2 mm

（采样地点：七连屿）

宅泥鱼

Dascyllus aruanus (Linnaeus, 1758)

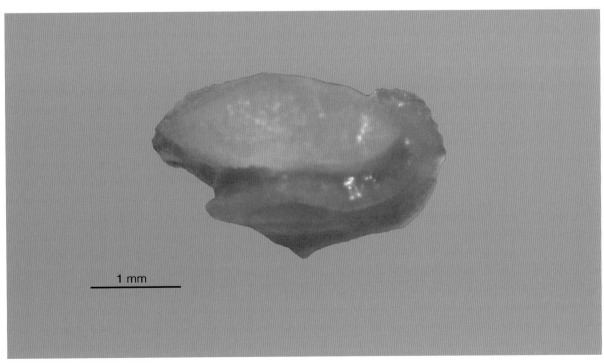

1 mm

（采样地点：七连屿）

灰鳍异大眼鲷

Heteropriacanthus cruentatus (Lacepède, 1801)

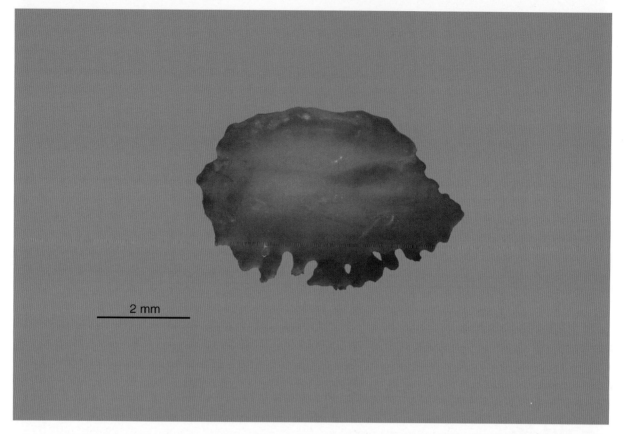

2 mm

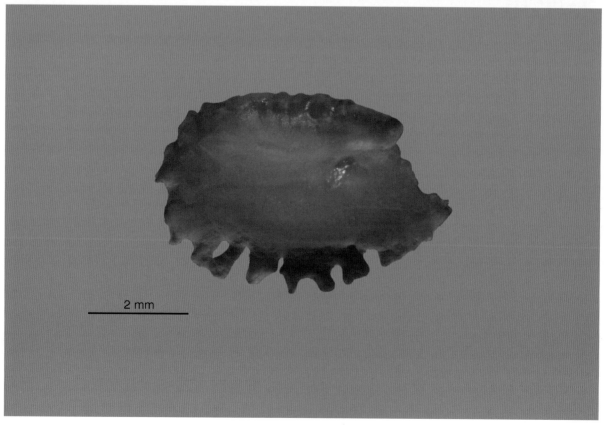

2 mm

〔采样地点：晋卿岛〕

金目大眼鲷

Priacanthus hamrur (Forsskål, 1775)

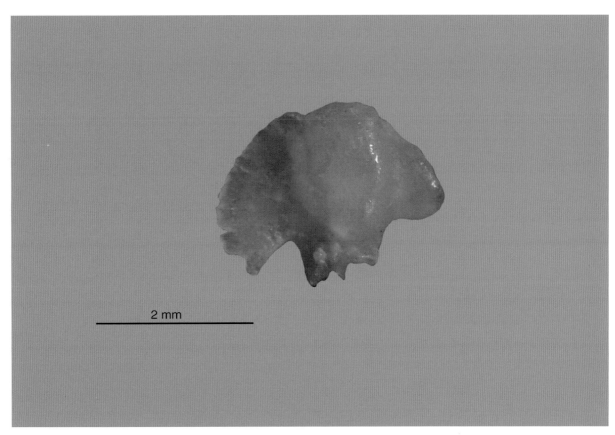

2 mm

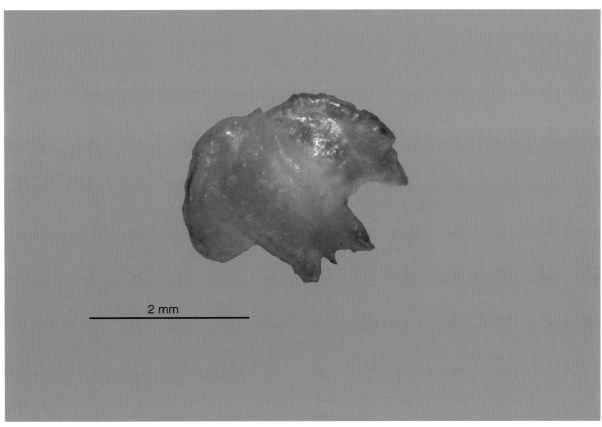

2 mm

（采样地点：七连屿）

绿唇鹦嘴鱼

Scarus forsteni (Bleeker, 1861)

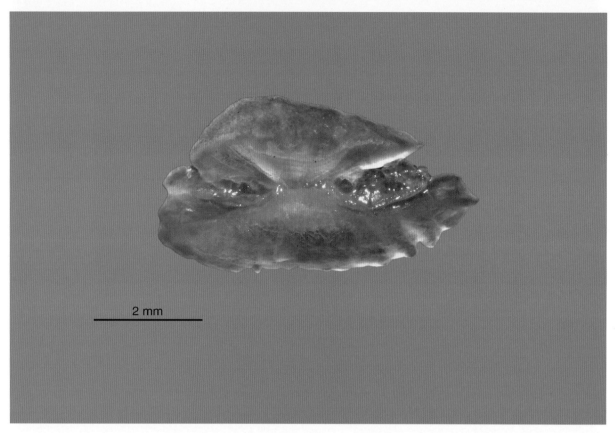

2 mm

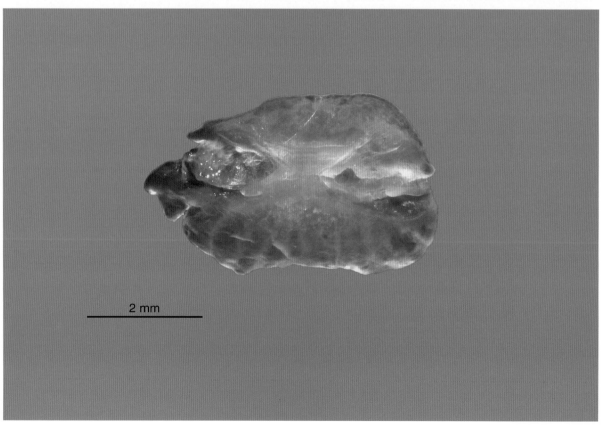

2 mm

（采样地点：东岛）

许氏鹦嘴鱼

Scarus schlegeli (Bleeker, 1861)

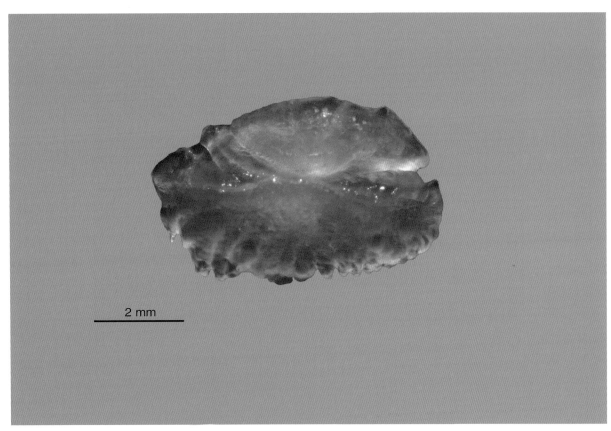

2 mm

2 mm

（采样地点：东岛）

星眼绚鹦嘴鱼

Calotomus carolinus (Valenciennes, 1840)

（采样地点：东岛）

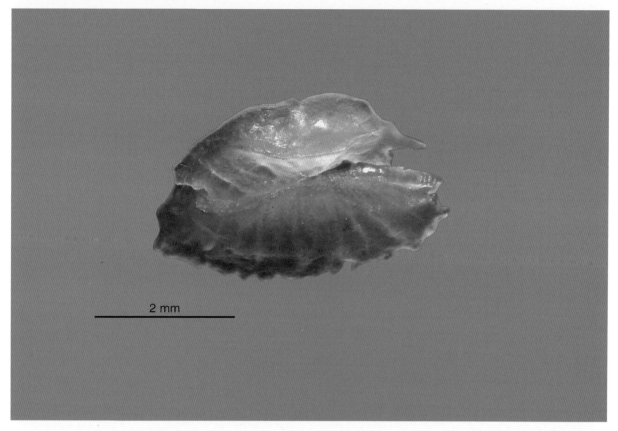

2 mm

2 mm

黑鹦嘴鱼

Scarus niger Forsskål, 1775

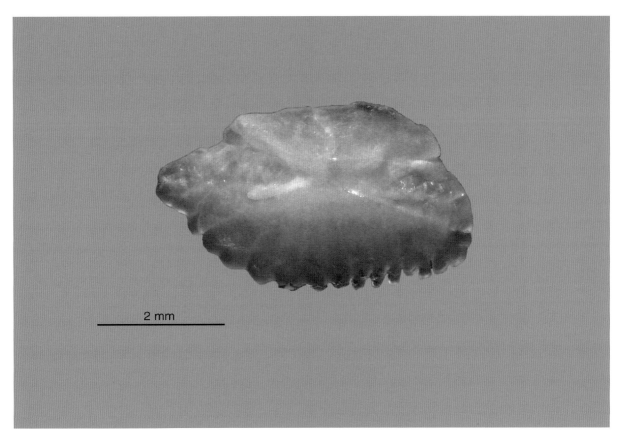

2 mm

2 mm

（采样地点：七连屿）

小鼻绿鹦嘴鱼

Chlorurus microrhinos (Bleeker, 1854)

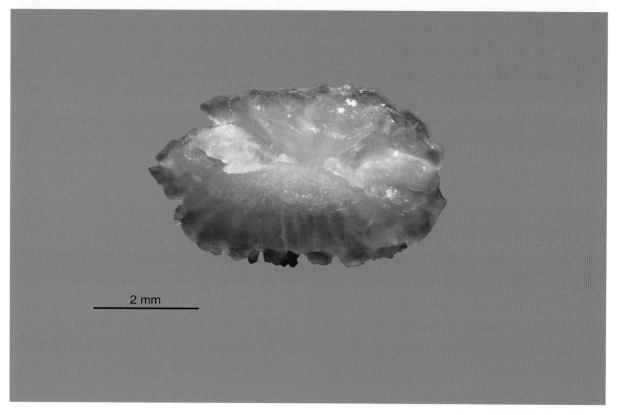

2 mm

（采样地点：东岛）

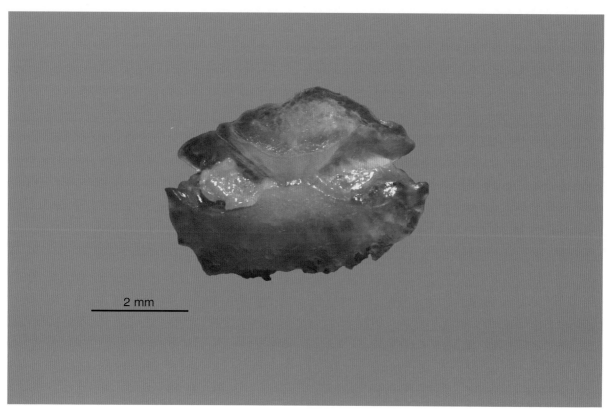

2 mm

（采样地点：羚羊礁）

长头马鹦嘴鱼

Hipposcarus longiceps (Valenciennes, 1840)

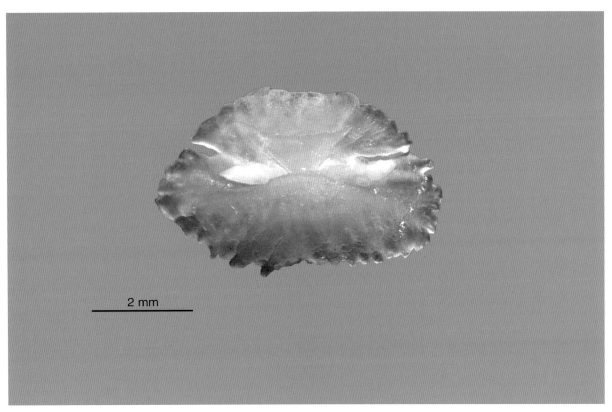

2 mm

（采样地点：羚羊礁）

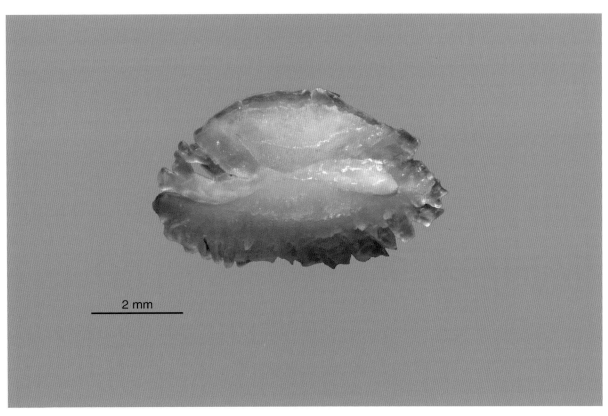

2 mm

（采样地点：东岛）

鲈形目 197

日本绚鹦嘴鱼

Calotomus japonicus **(Valenciennes, 1840)**

1 mm

（采样地点：七连屿）

刺鹦嘴鱼

Scarus spinus **(Kner, 1868)**

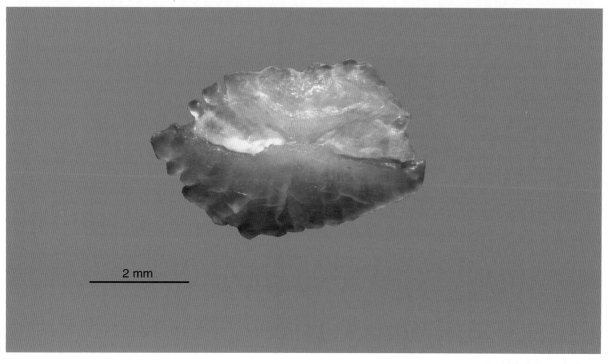

2 mm

（采样地点：东岛）

日本绿鹦嘴鱼

Chlorurus japanensis (Bloch, 1789)

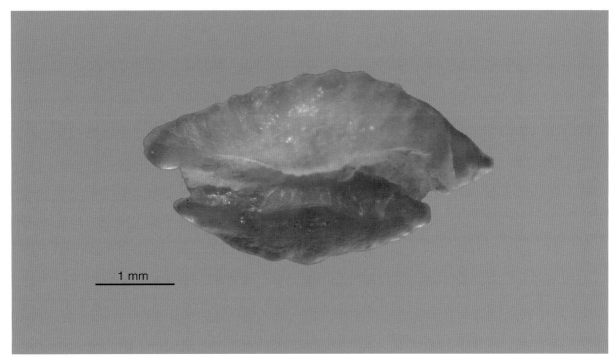

1 mm

（采样地点：七连屿）

驼峰大鹦嘴鱼

Bolbometopon muricatum (Valenciennes, 1840)

2 mm

（采样地点：七连屿）

黄鞍鹦嘴鱼

Scarus oviceps Valenciennes, 1840

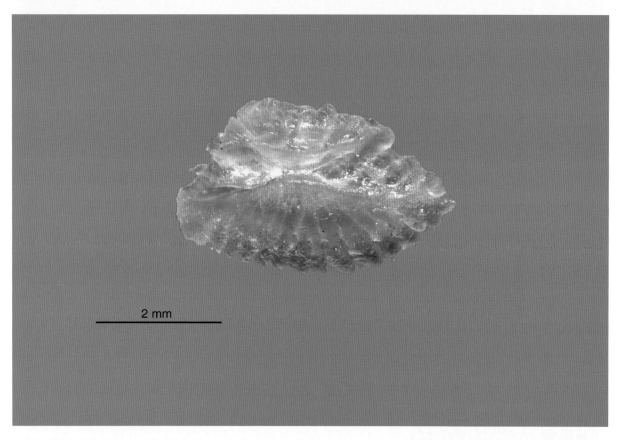

2 mm

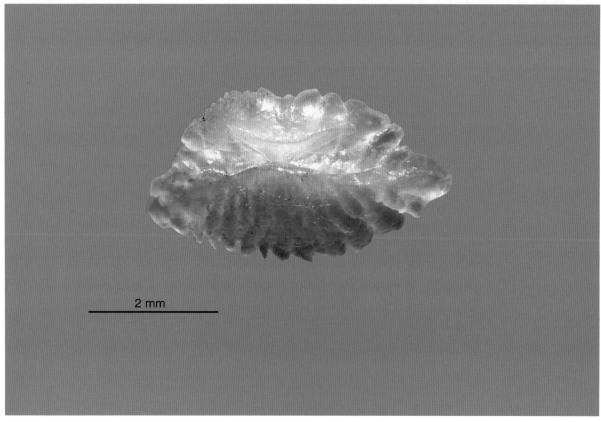

2 mm

（采样地点：东岛）

截尾鹦嘴鱼

Scarus rivulatus Valenciennes, 1840

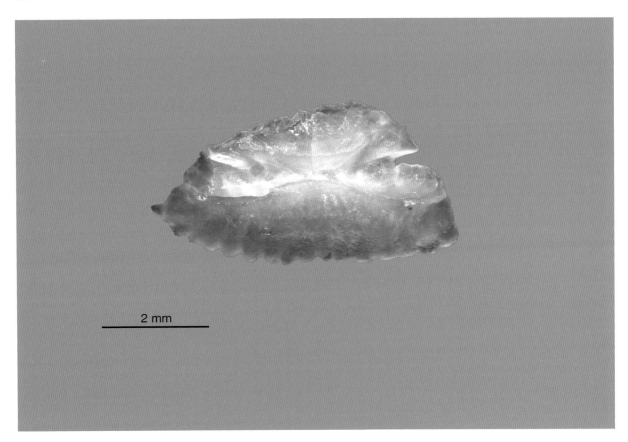

2 mm

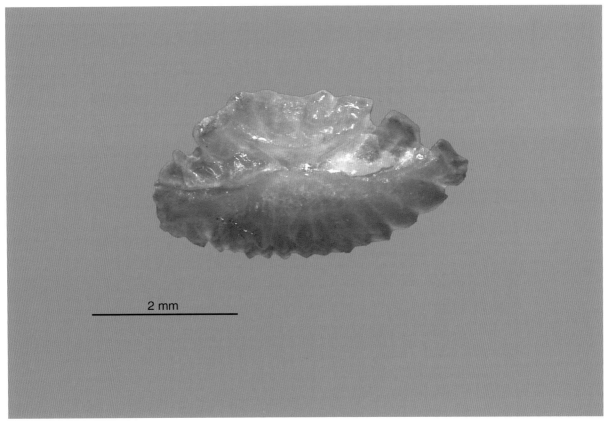

2 mm

采样地点：东岛）

蓝头绿鹦嘴鱼

Chlorurus sordidus (Forsskål, 1775)

2 mm

（采样地点：晋卿岛）

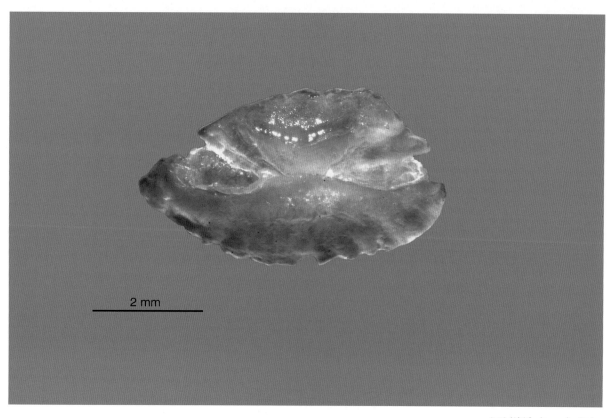

2 mm

（采样地点：东岛）

瓜氏鹦嘴鱼

Scarus quoyi **Valenciennes, 1840**

2 mm

（采样地点：东岛）

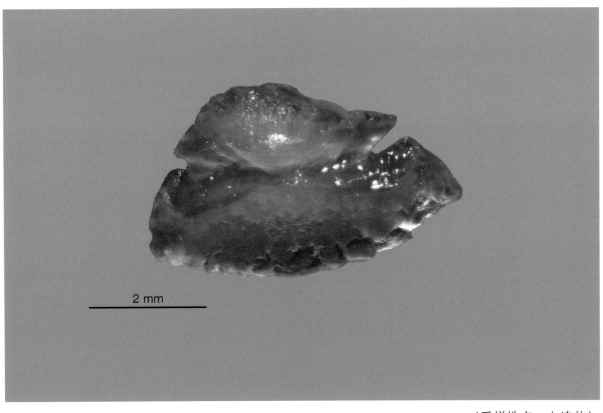

2 mm

（采样地点：七连屿）

网纹鹦嘴鱼

Scarus frenatus Lacepède, 1802

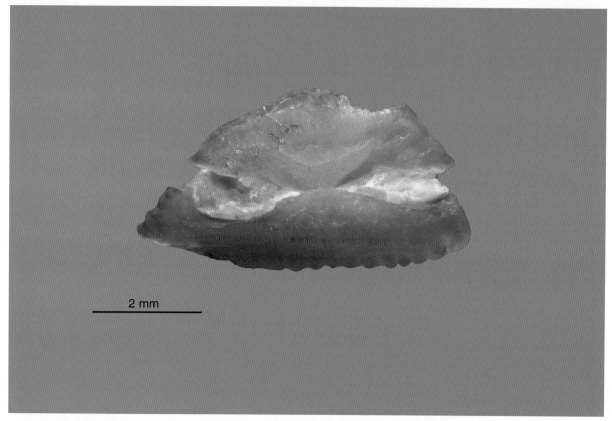

2 mm

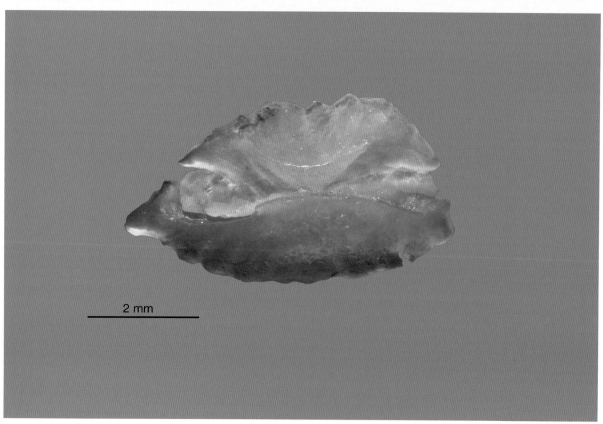

2 mm

（采样地点：东岛）

钝头鹦嘴鱼

Scarus rubroviolaceus Bleeker, 1847

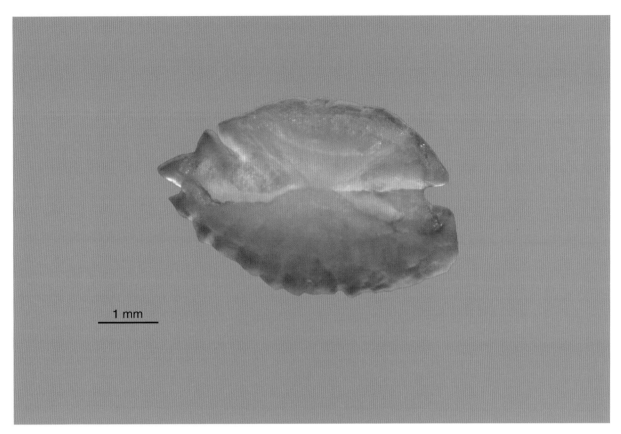

1 mm

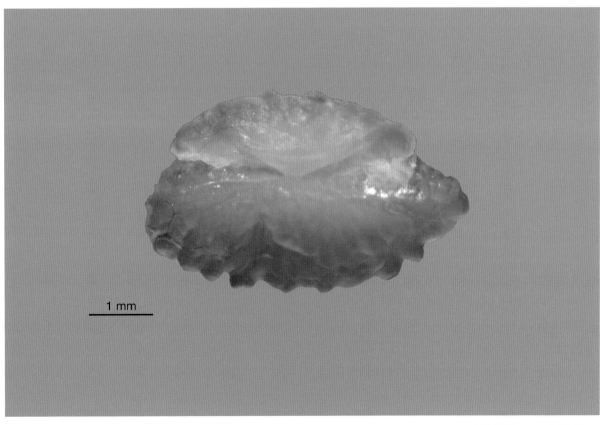

1 mm

钝头鹦嘴鱼

（采样地点：七连屿）

黑斑鹦嘴鱼

Scarus globiceps Valenciennes, 1840

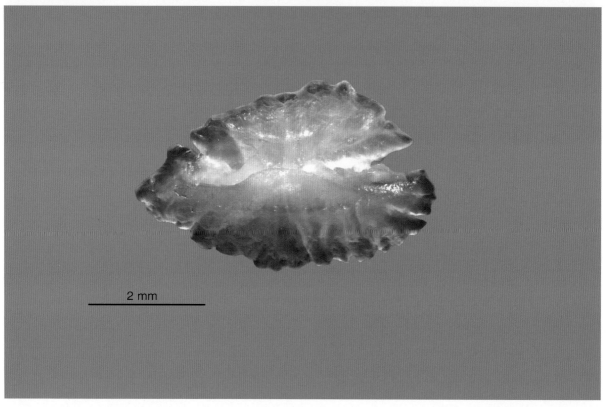

2 mm

（采样地点：羚羊礁）

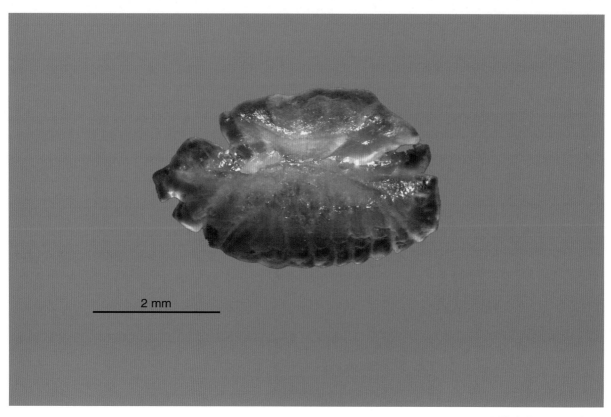

2 mm

黑斑鹦嘴鱼

（采样地点：晋卿岛）

青点鹦嘴鱼

Scarus ghobban Forsskål, 1775

200 px

（采样地点：晋卿岛）

1 mm

（采样地点：七连屿）

棕吻鹦嘴鱼

Scarus psittacus Forsskål, 1775

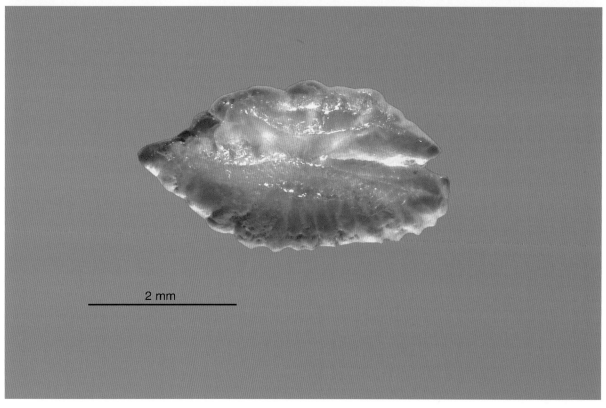

2 mm

（采样地点：羚羊礁）

2 mm

棕吻鹦嘴鱼

（采样地点：晋卿岛）

绿颌鹦嘴鱼

Scarus prasiognathos **Valenciennes, 1840**

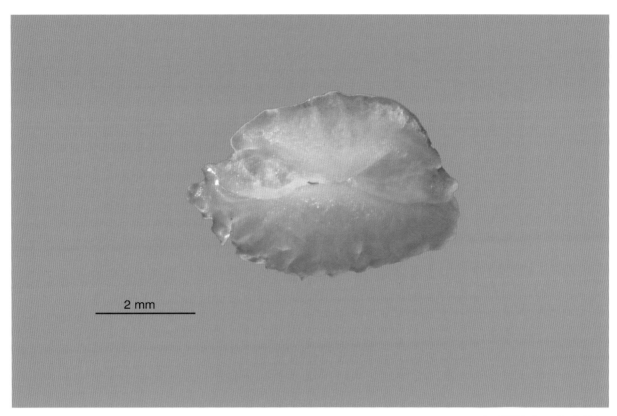

2 mm

（采样地点：七连屿）

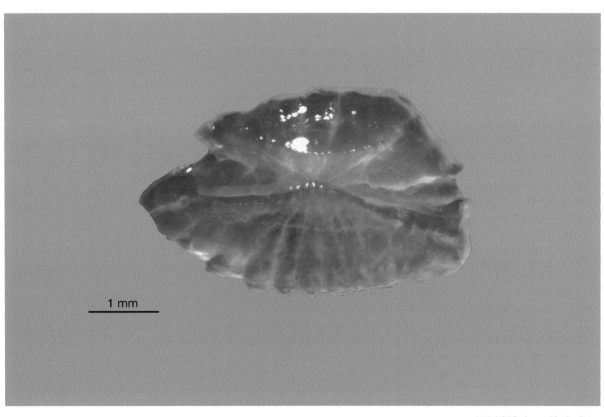

1 mm

（采样地点：美济礁）

弧带鹦嘴鱼

Scarus dimidiatus Bleeker, 1859

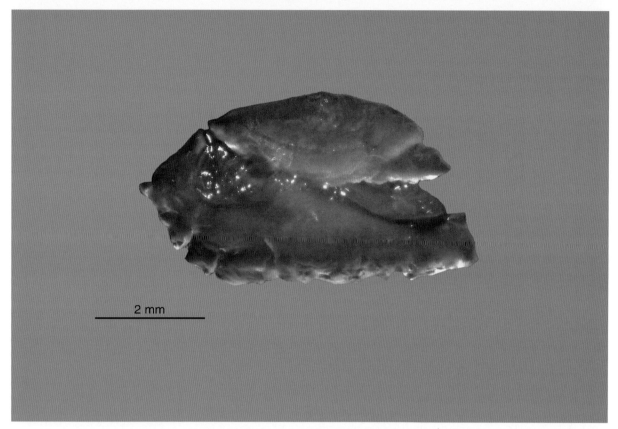

2 mm

2 mm

（采样地点：七连屿）

杂色鹦嘴鱼

Scarus festivus Valenciennes, 1840

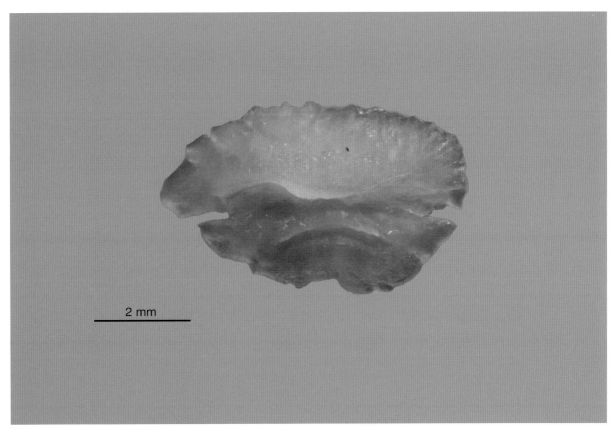

2 mm

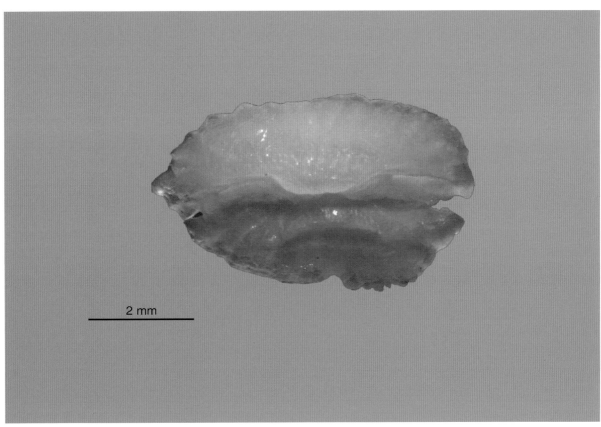

2 mm

（采样地点：七连屿）

双色鲸鹦嘴鱼

Cetoscarus bicolor (Rüppell, 1829)

2 mm

2 mm

（采样地点：七连屿）

突额鹦嘴鱼

Scarus ovifrons Temminck & Schlegel, 1846

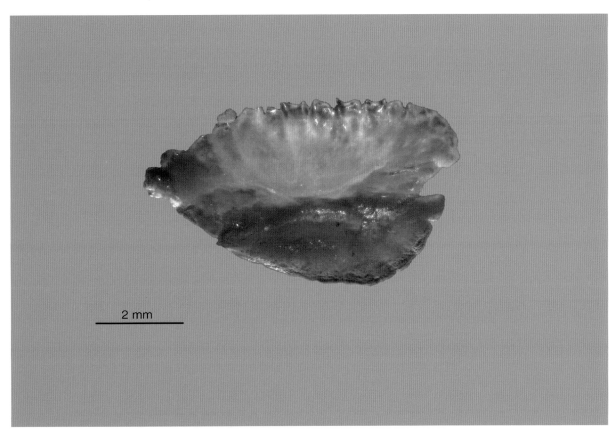

2 mm

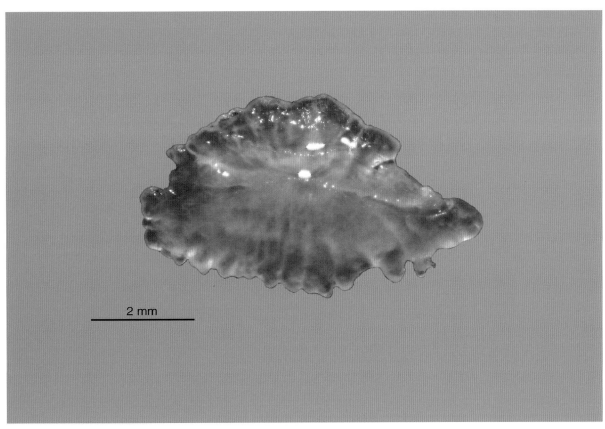

2 mm

（采样地点：陵水）

大眼双线鲭

Grammatorcynus bilineatus (Rüppell, 1836)

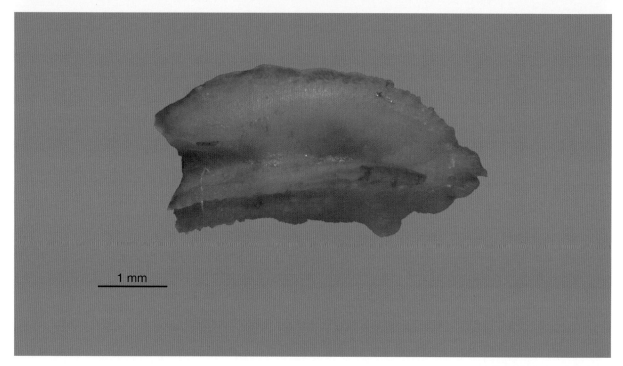

1 mm

（采样地点：晋卿岛）

斑点马鲛

Scomberomorus guttatus (Bloch & Schneider, 1801)

2 mm

（采样地点：徐闻）

六指多指马鲅

Polydactylus sextarius (Bloch & Schneider, 1801)

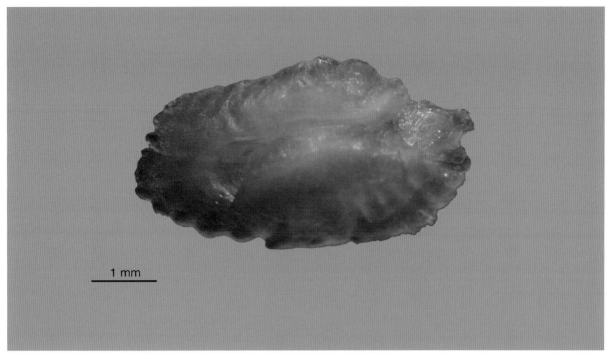

1 mm

（采样地点：珠江口）

清水石斑鱼

Epinephelus polyphekadion (Bleeker, 1849)

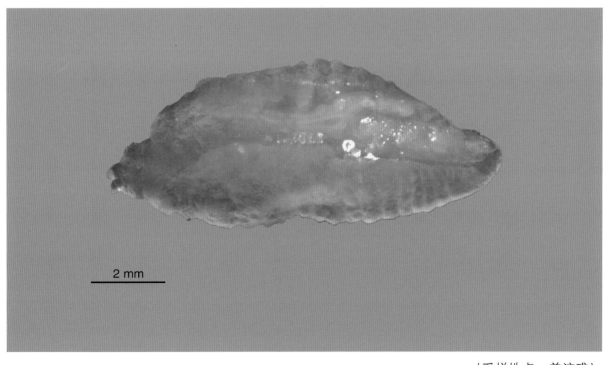

2 mm

（采样地点：美济礁）

侧牙鲈

Variola louti (Forsskål, 1775)

（采样地点：七连屿）

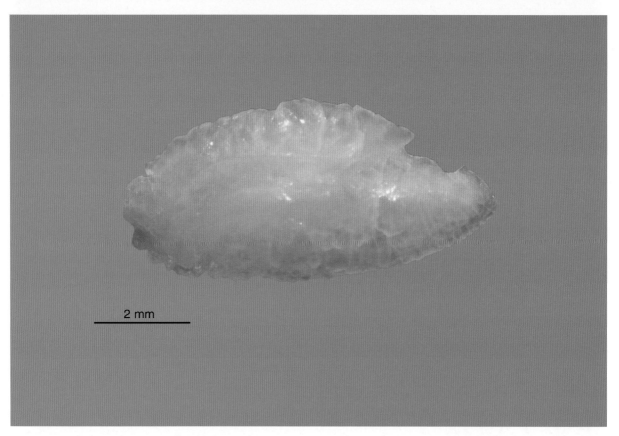

2 mm

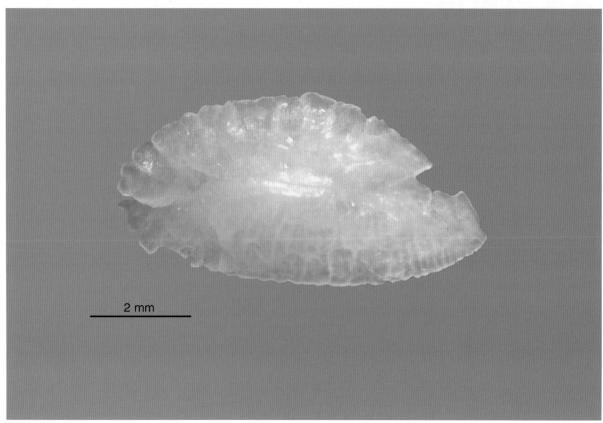

2 mm

（采样地点：七连屿）

蜂巢石斑鱼

Epinephelus merra **Bloch, 1793**

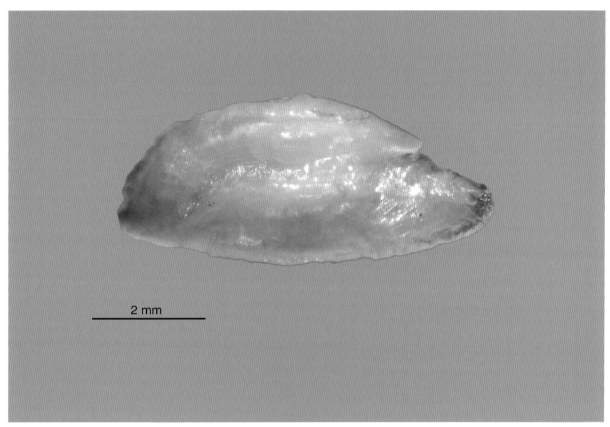

2 mm

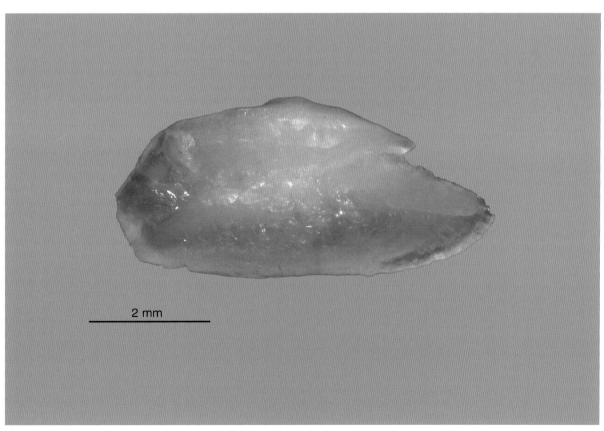

2 mm

（采样地点：东岛）

白边侧牙鲈

Variola albimarginata Baissac, 1953

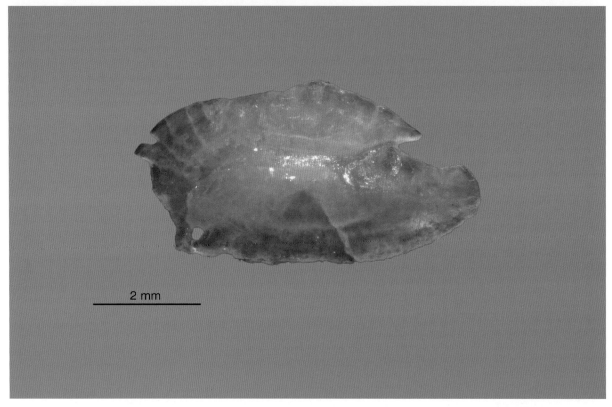

（采样地点：东岛）

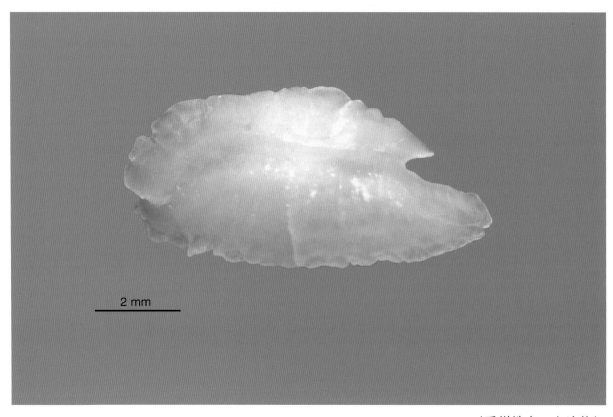

（采样地点：七连屿）

花点石斑鱼

Epinephelus maculatus (Bloch, 1790)

2 mm

（采样地点：晋卿岛）

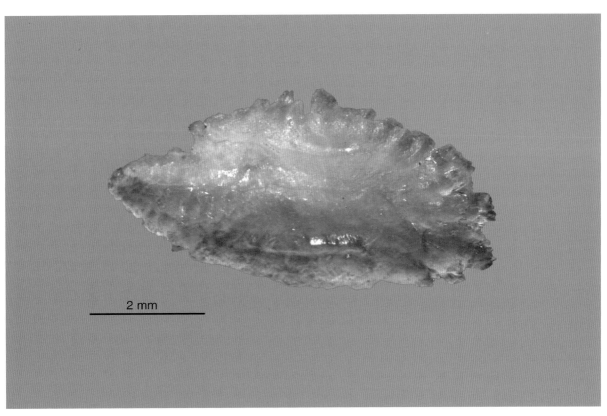

2 mm

（采样地点：七连屿）

横条石斑鱼

（采样地点：羚羊礁）

Epinephelus fasciatus (Forsskål, 1775)

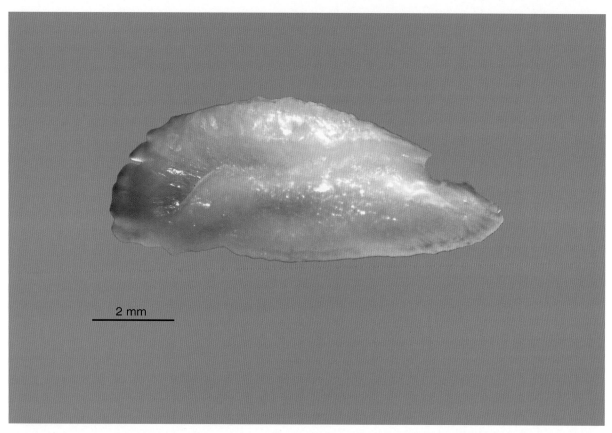

2 mm

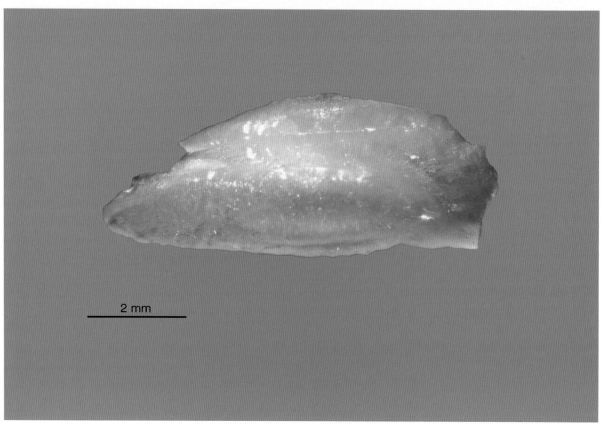

2 mm

六角石斑鱼

Epinephelus hexagonatus (Forster, 1801)

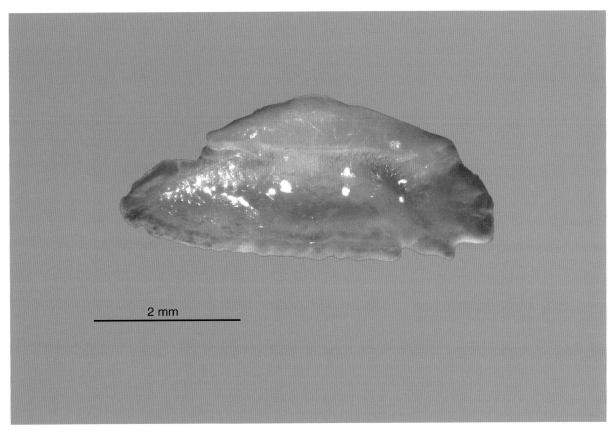

2 mm

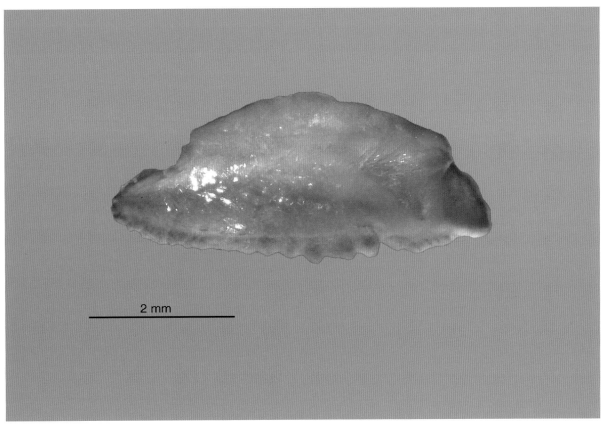

2 mm

（采样地点：全富岛）

布氏石斑鱼

Epinephelus bleekeri **(Vaillant, 1878)**

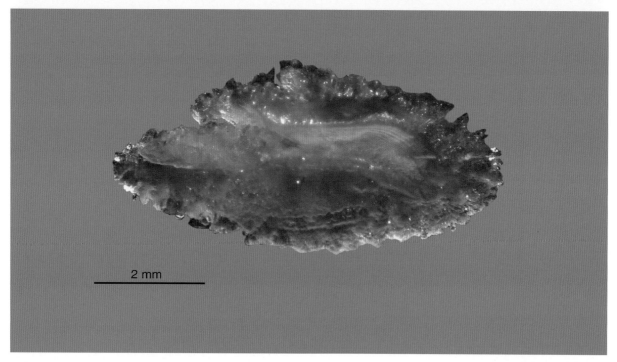

2 mm

（采样地点：徐闻）

玳瑁石斑鱼

Epinephelus quoyanus **(Valenciennes, 1830)**

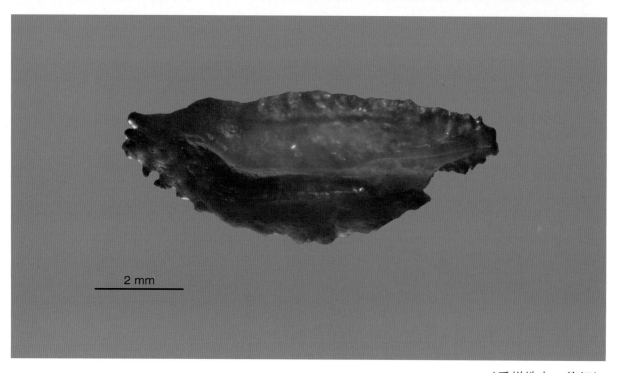

2 mm

（采样地点：徐闻）

三斑石斑鱼

Epinephelus trimaculatus **(Valenciennes, 1828)**

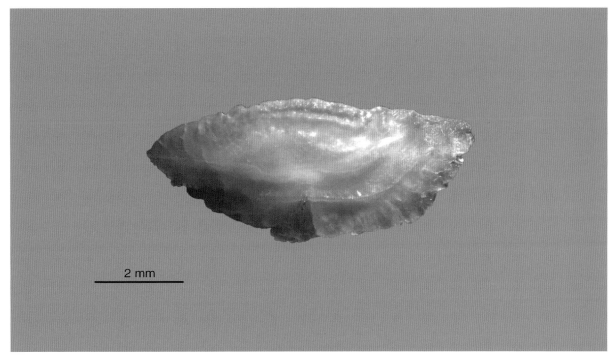

2 mm

（采样地点：珠江口）

黑缘尾九棘鲈

Cephalopholis spiloparaea **(Valenciennes, 1828)**

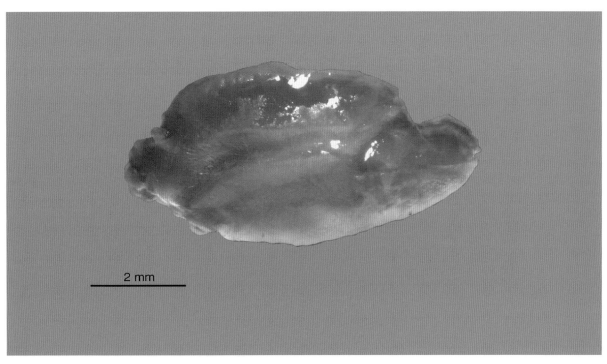

2 mm

（采样地点：美济礁）

红嘴烟鲈

Aethaloperca rogaa (Forsskål, 1775)

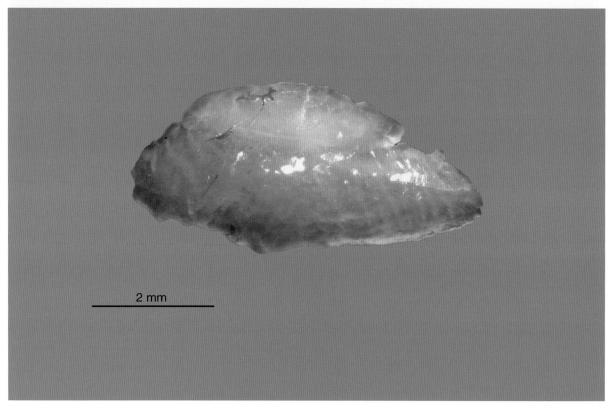

2 mm

（采样地点：东岛）

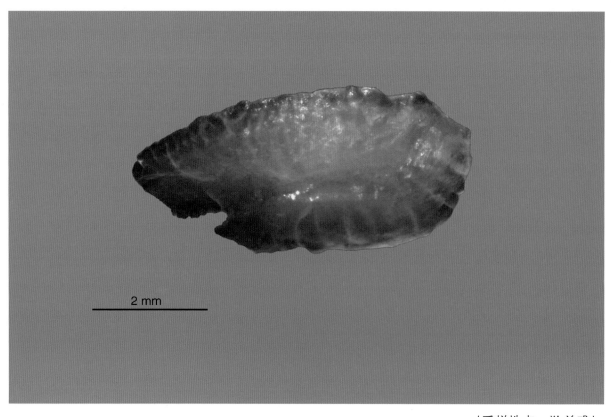

2 mm

（采样地点：羚羊礁）

索氏九棘鲈

Cephalopholis sonnerati (Valenciennes, 1828)

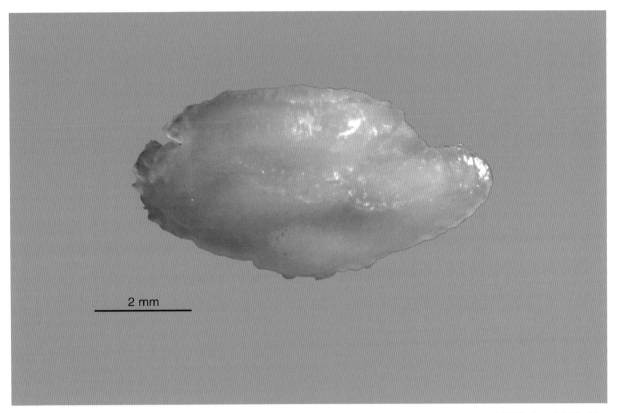

2 mm

（采样地点：羚羊礁）

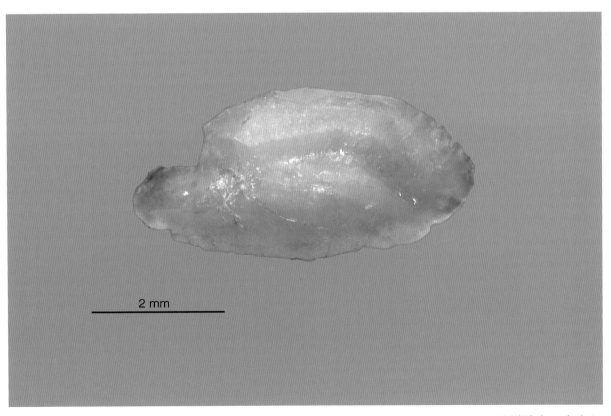

2 mm

（采样地点：东岛）

尾纹九棘鲈

Cephalopholis urodeta (Forster, 1801)

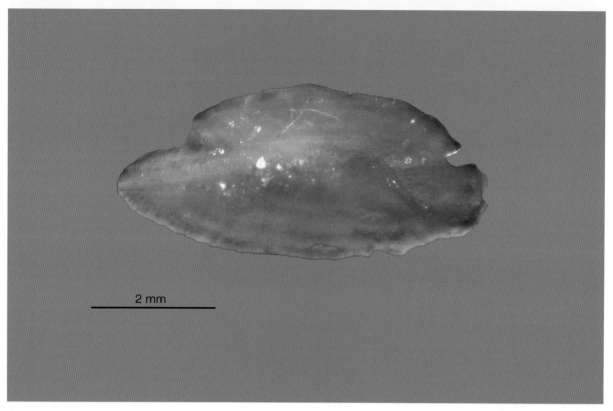

2 mm

（采样地点：东岛）

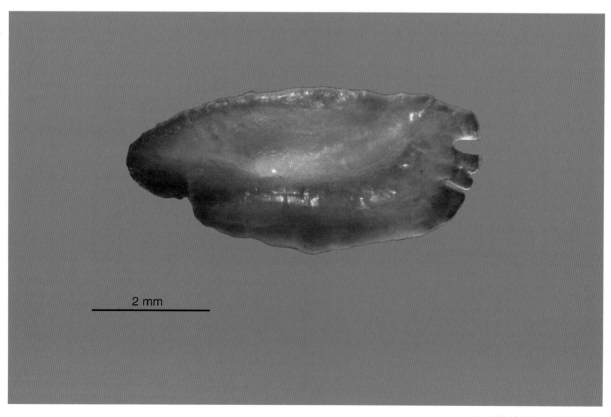

2 mm

（采样地点：羚羊礁）

斑点九棘鲈

Cephalopholis argus Bloch & Schneider, 1801

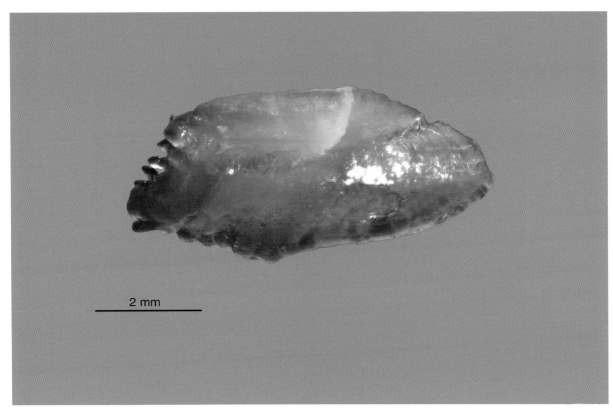

2 mm

（采样地点：晋卿岛）

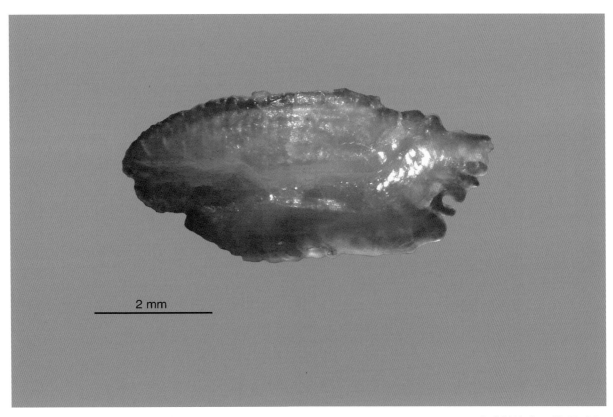

2 mm

（采样地点：羚羊礁）

六斑九棘鲬

Cephalopholis sexmaculata (Rüppell, 1830)

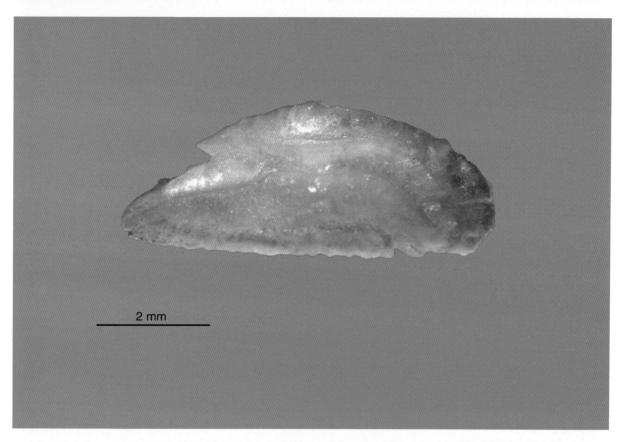

2 mm

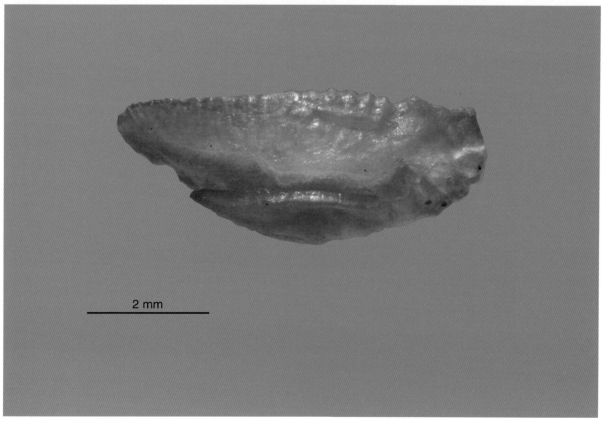

2 mm

（采样地点：七连屿）

横纹九棘鲈

Cephalopholis boenak (Bloch, 1790)

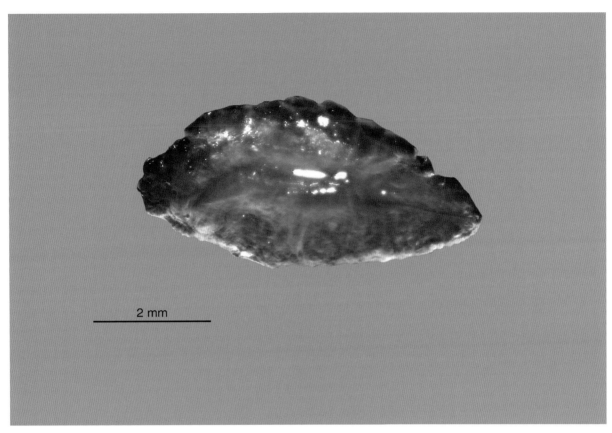

2 mm

2 mm

〔采样地点：徐闻〕

黑鞍鳃棘鲈

Plectropomus laevis (Lacepède, 1801)

2 mm

（采样地点：七连屿）

双带黄鲈

Diploprion bifasciatum Cuvier, 1828

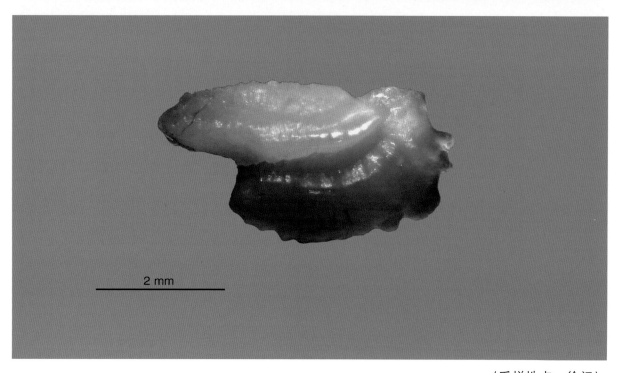

2 mm

（采样地点：徐闻）

点带石斑鱼

Epinephelus coioides (Hamilton, 1822)

2 mm

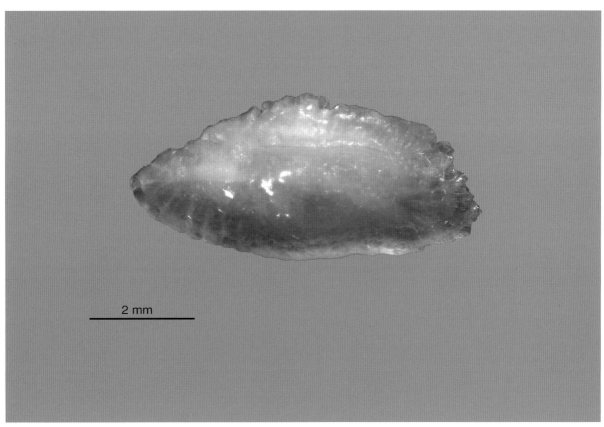

2 mm

（采样地点：珠江口）

银色篮子鱼

Siganus argenteus (Quoy & Gaimard, 1825)

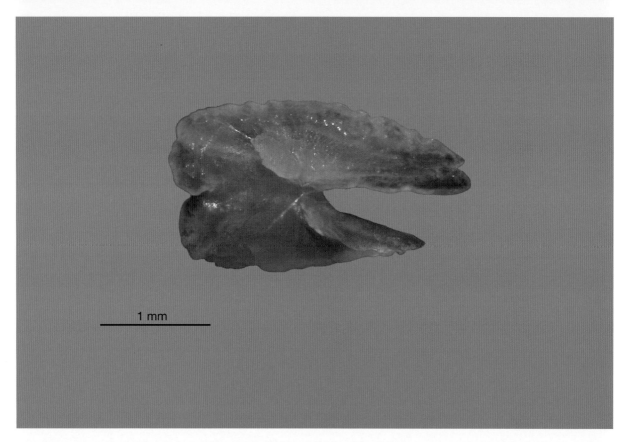

1 mm

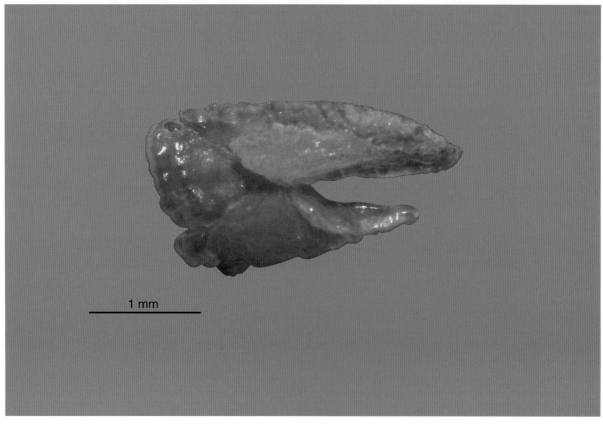

1 mm

（采样地点：东岛）

黑身篮子鱼

Siganus punctatissimus Fowler & Bean, 1929

1 mm

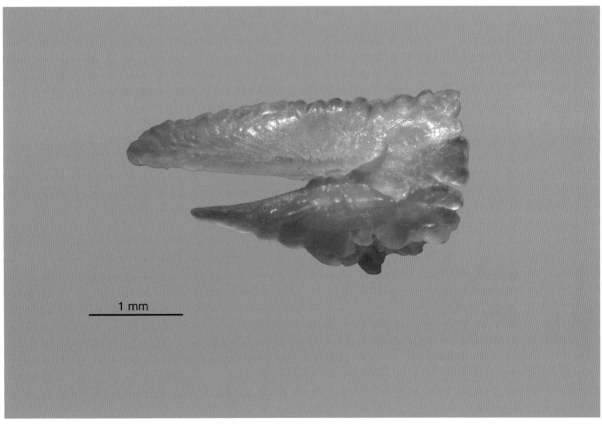

1 mm

（采样地点：七连屿）

眼带篮子鱼

Siganus puellus (Schlegel, 1852)

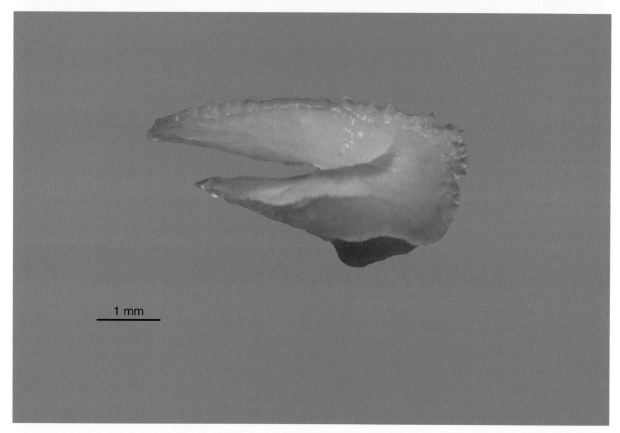

1 mm

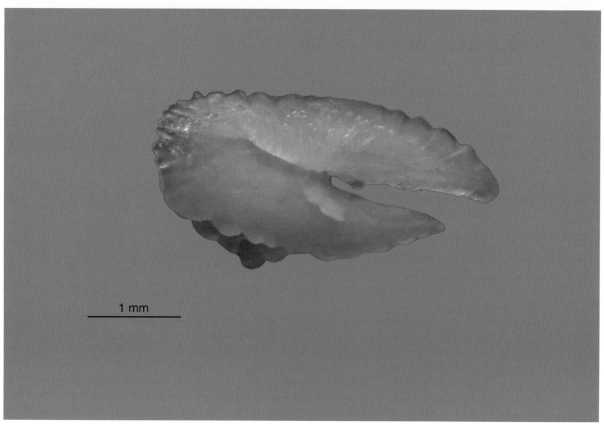

1 mm

（采样地点：七连屿）

狐篮子鱼

Siganus vulpinus **(Schlegel & Müller, 1845)**

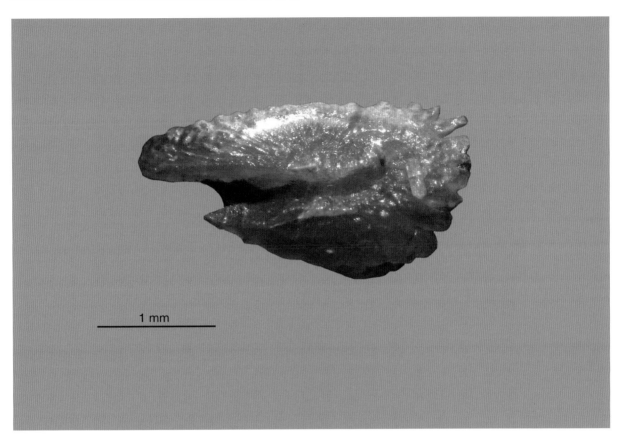

1 mm

1 mm

（采样地点：七连屿）

斑篮子鱼

Siganus punctatus (Schneider & Forster, 1801)

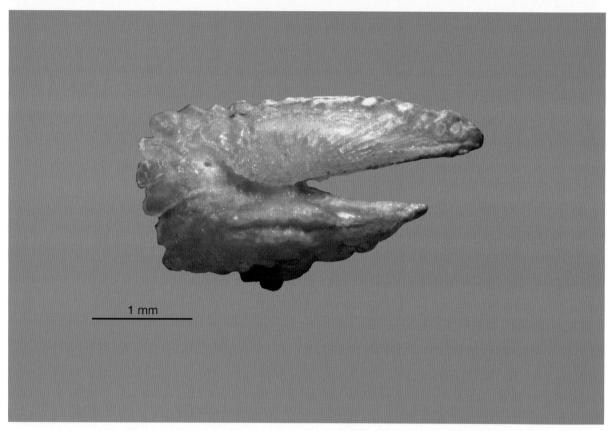

1 mm

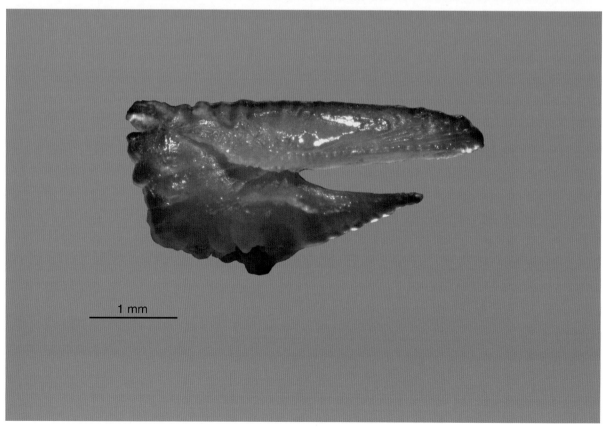

1 mm

（采样地点：七连屿）

长鳍篮子鱼

***Siganus canaliculatus* (Park, 1797)**

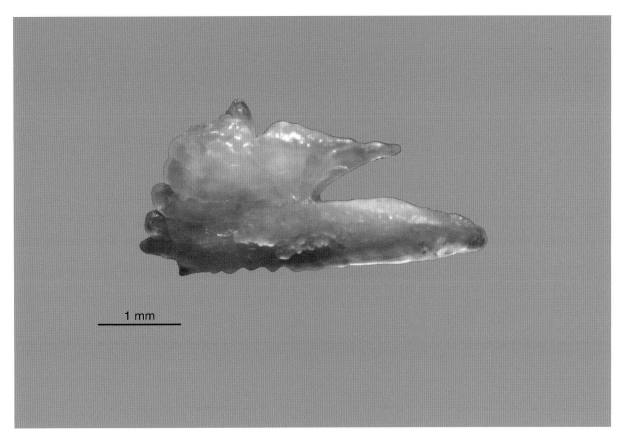

1 mm

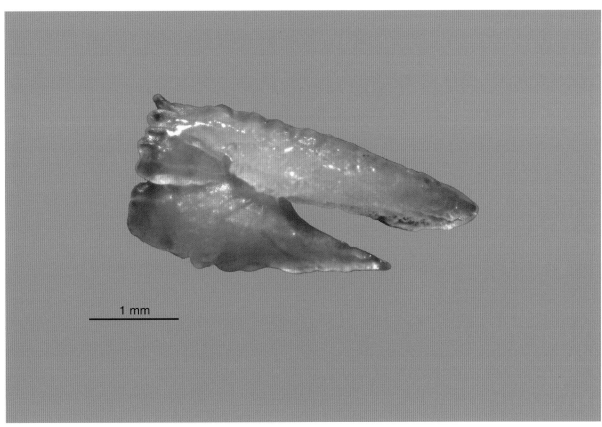

1 mm

（采样地点：徐闻）

凹吻篮子鱼

Siganus corallinus (Valenciennes, 1835)

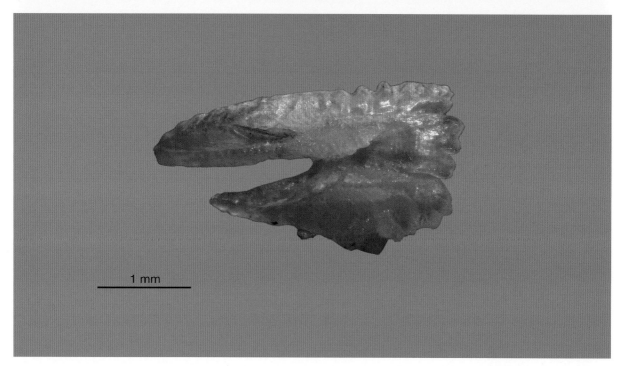

1 mm

（采样地点：七连屿）

蠕纹篮子鱼

Siganus vermiculatus (Valenciennes, 1835)

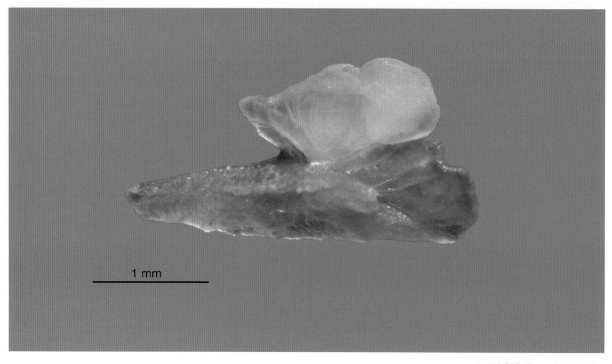

1 mm

（采样地点：七连屿）

星斑篮子鱼

Siganus guttatus (Bloch, 1787)

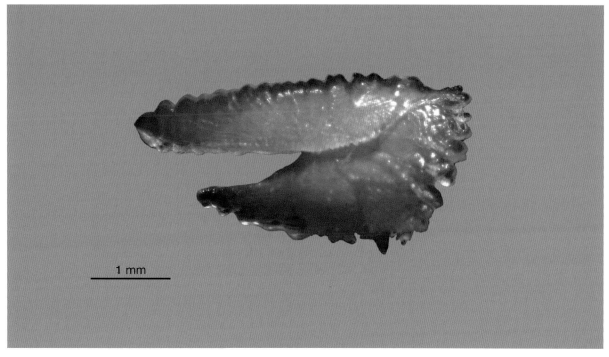

1 mm

（采样地点：徐闻）

棘头梅童鱼

Collichthys lucidus (Richardson, 1844)

2 mm

（采样地点：珠江口）

双棘原黄姑鱼

Protonibea diacanthus (Lacepède, 1802)

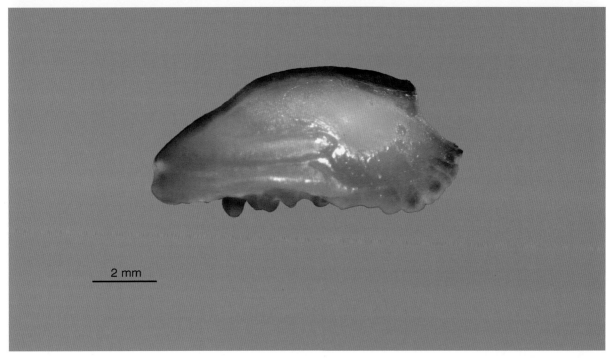

2 mm

（采样地点：徐闻）

皮氏叫姑鱼

Johnius belangerii (Cuvier, 1830)

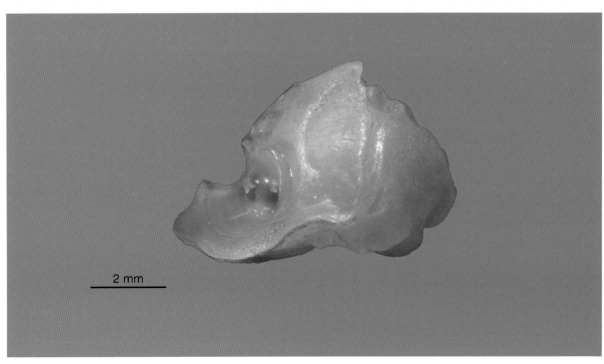

2 mm

（采样地点：珠江口）

斑鳍银姑鱼

Pennahia pawak (Lin, 1940)

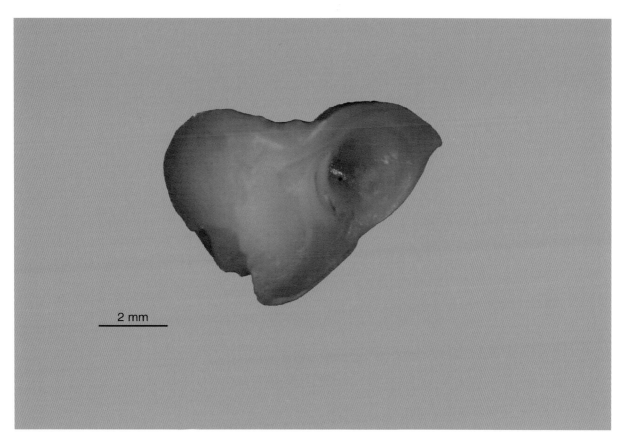

2 mm

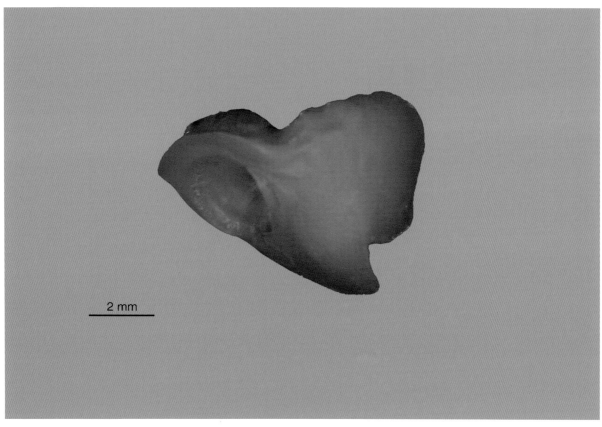

2 mm

（采样地点：珠江口）

截尾银姑鱼

Pennahia anea (Bloch, 1793)

（采样地点：珠江口）

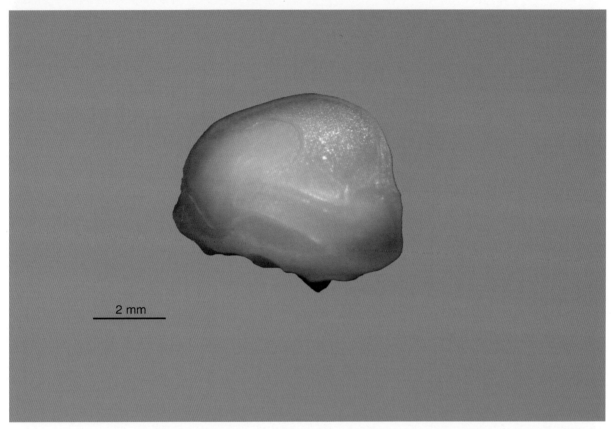

2 mm

2 mm

褐梅鲷

Pterocaesio caerulaurea **Lacepède, 1801**

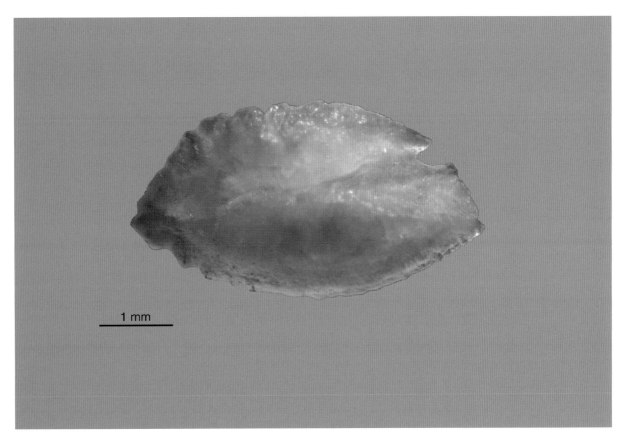

1 mm

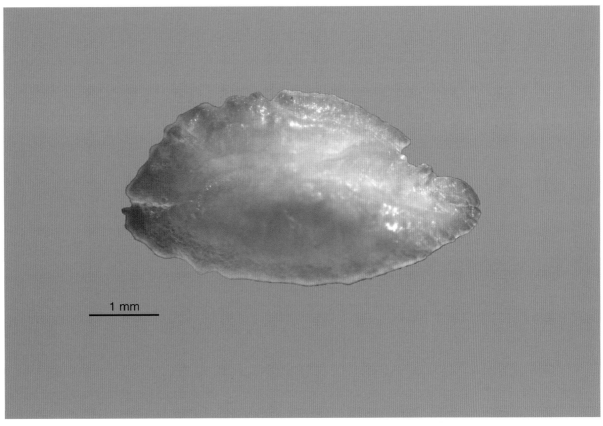

1 mm

〔采样地点：东岛〕

鲈形目　**243**

黑带鳞鳍梅鲷

Pterocaesio tile (Cuvier, 1830)

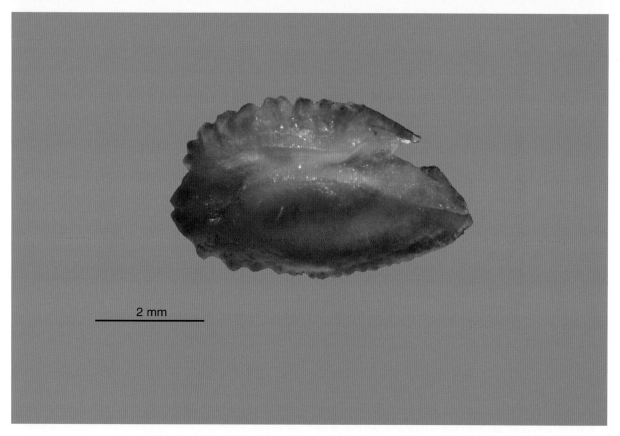

2 mm

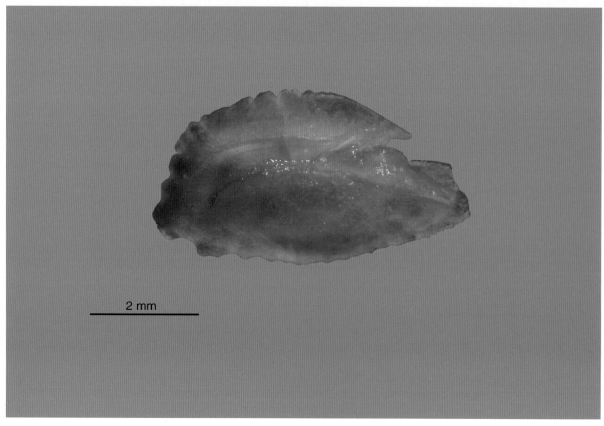

2 mm

（采样地点：东岛）

大眼魣

Sphyraena forsteri Cuvier, 1829

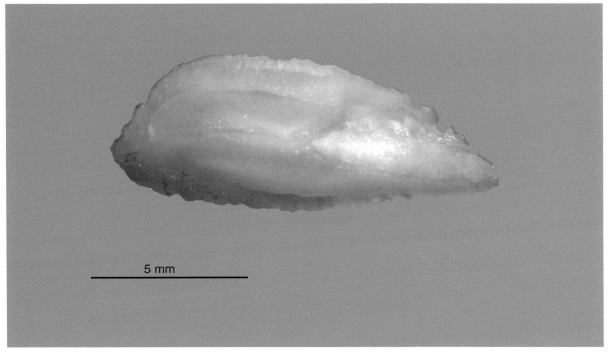

5 mm

（采样地点：七连屿）

黄带魣

Sphyraena helleri Jenkins, 1901

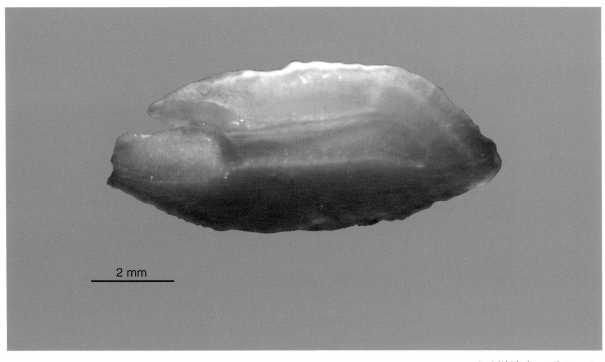

2 mm

（采样地点：珠江口）

斑条鲟

Sphyraena jello Cuvier, 1829

2 mm

（采样地点：徐闻）

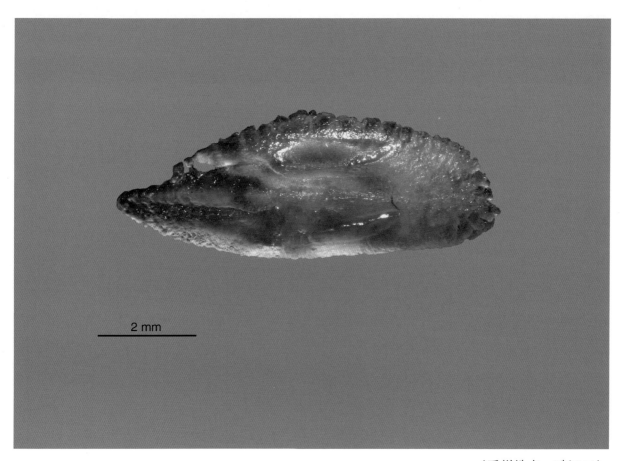

2 mm

（采样地点：珠江口）

四带牙鯻

Pelates quadrilineatus (Bloch, 1790)

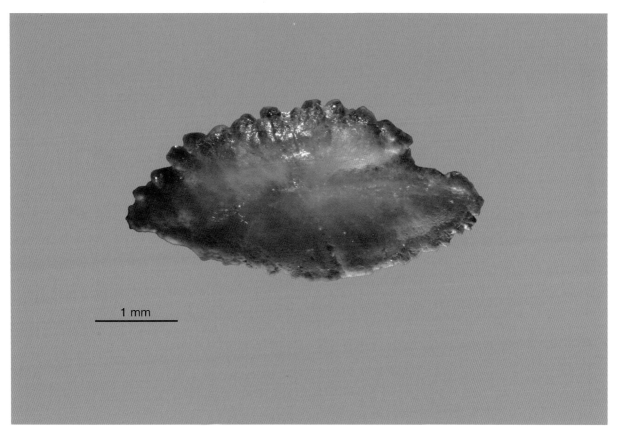

1 mm

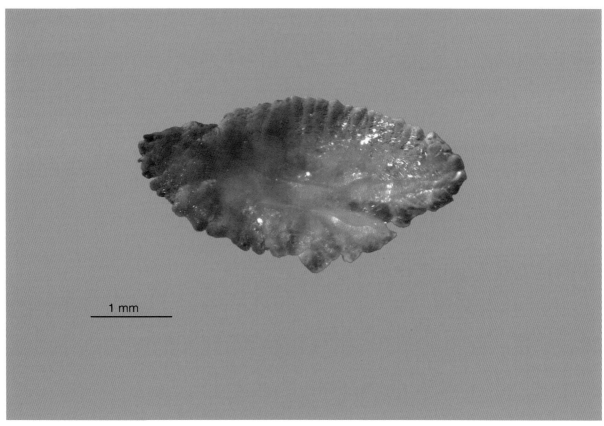

1 mm

（采样地点：徐闻）

细鳞鯻

（采样地点：徐闻）

Terapon jarbua (Forsskål, 1775)

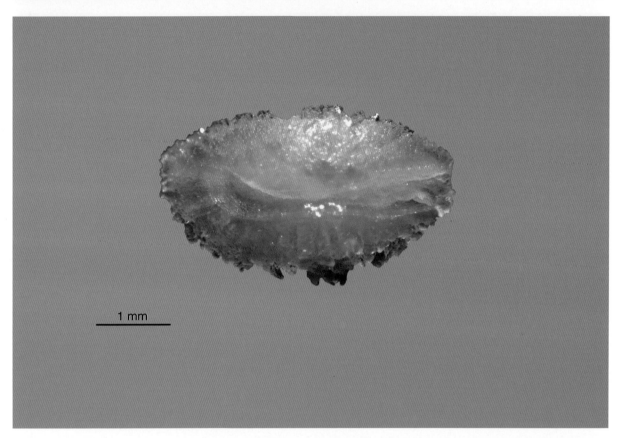

1 mm

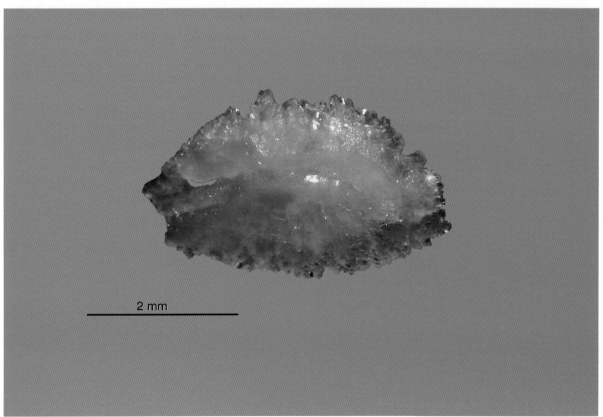

2 mm

（采样地点：徐闻）

鯻

Terapon theraps Cuvier, 1829

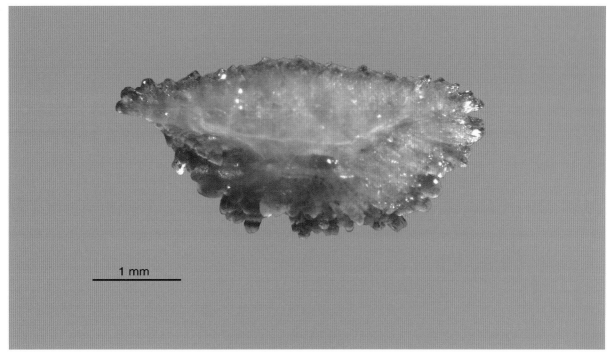

1 mm

（采样地点：徐闻）

中华䲉

Uranoscopus chinensis Guichenot, 1882

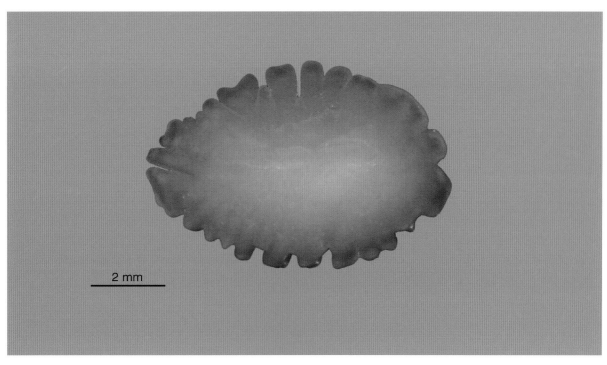

2 mm

（采样地点：珠江口）

斑点鸡笼鲳

Drepane punctata (Linnaeus, 1758)

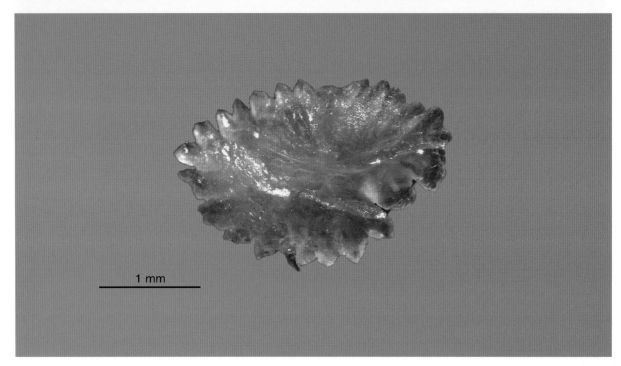

1 mm

（采样地点：徐闻）

条纹鸡笼鲳

Drepane longimana (Bloch & Schneider, 1801)

1 mm

（采样地点：徐闻）

刺鲳

Psenopsis anomala (Temminck & Schlegel, 1844)

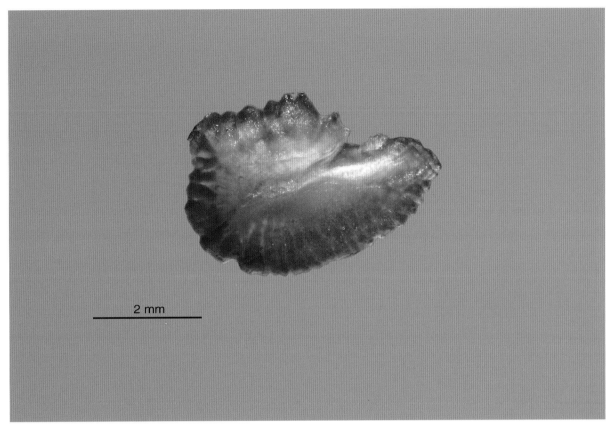

2 mm

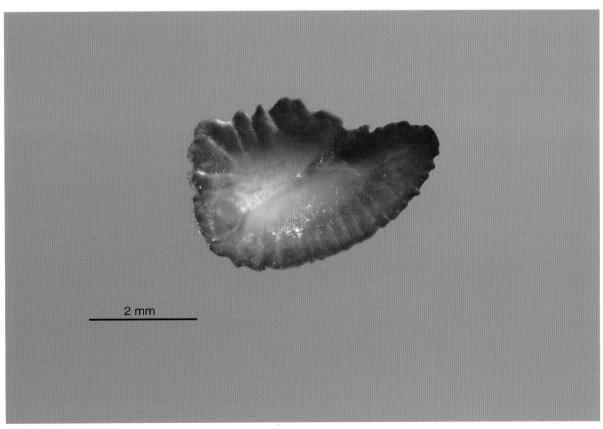

2 mm

（采样地点：徐闻）

多鳞鱚
Sillago sihama (Forsskål, 1775)

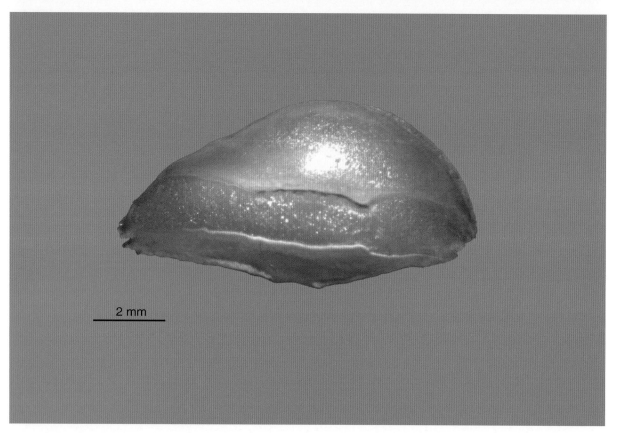

2 mm

2 mm

（采样地点：珠江口）

灰鲳

Pampus cinereus (Bloch, 1795)

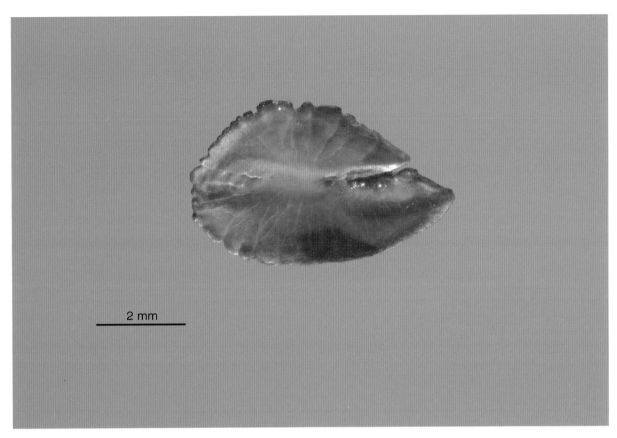

2 mm

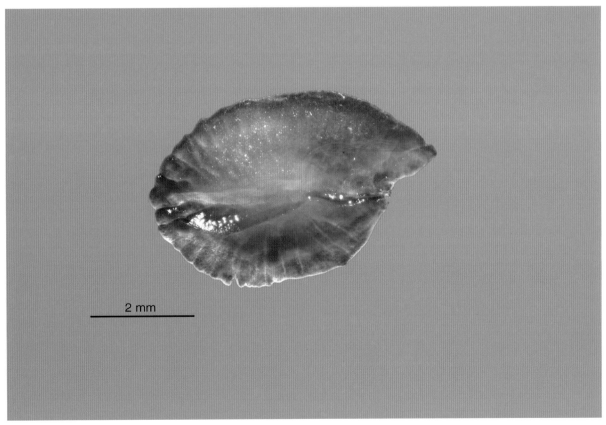

2 mm

（采样地点：徐闻）

银鲳

Pampus argenteus (Euphrasen, 1788)

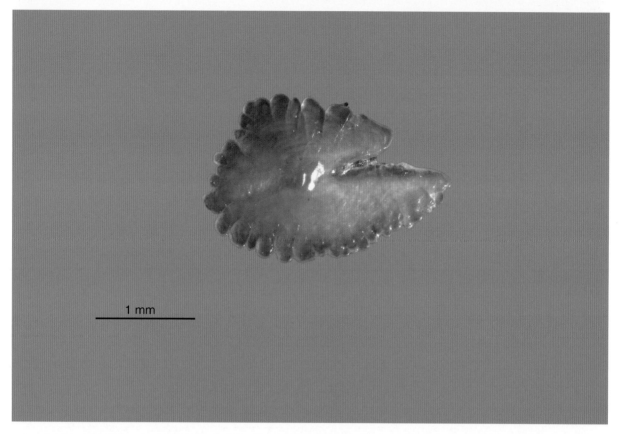

1 mm

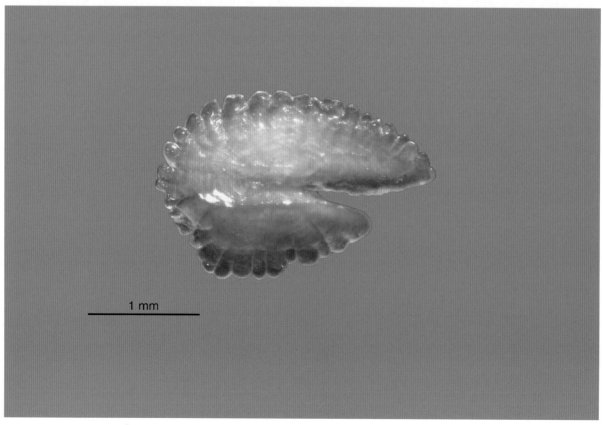

1 mm

（采样地点：珠江口）

金钱鱼

Scatophagus argus (Linnaeus, 1766)

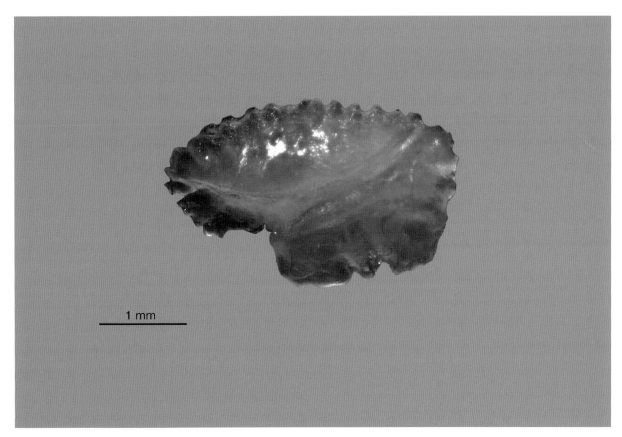

1 mm

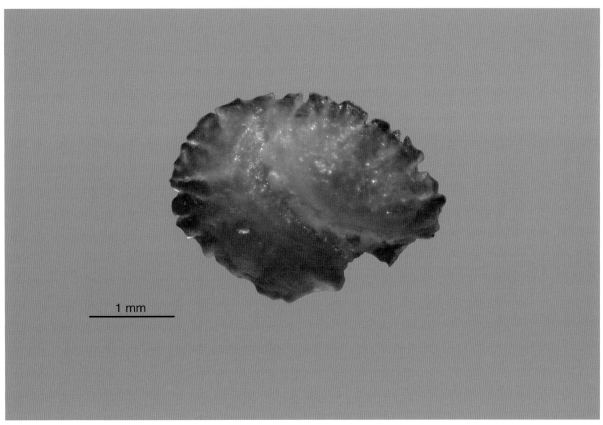

1 mm

（采样地点：徐闻）

军曹鱼

Rachycentron canadum (Linnaeus, 1766)

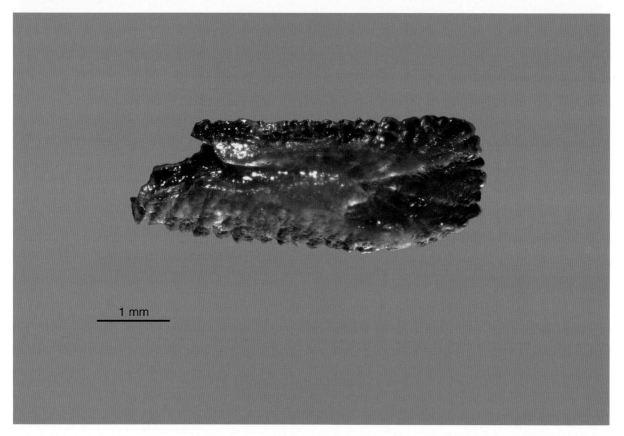

1 mm

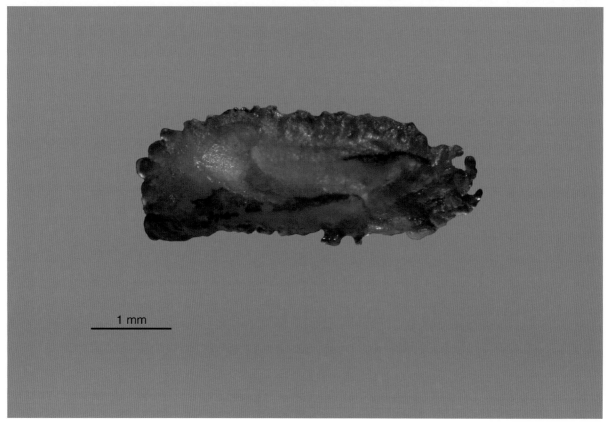

1 mm

（采样地点：徐闻）

日本花鲈

Lateolabrax japonicus (Cuvier, 1828)

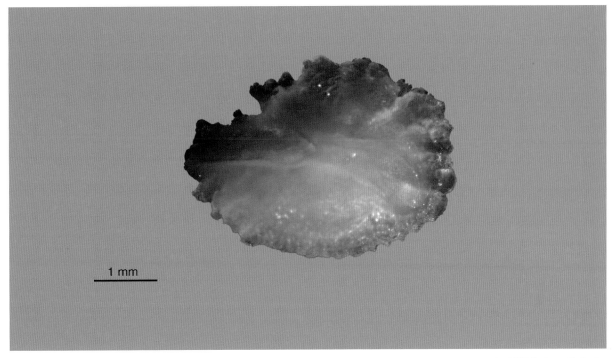

1 mm

（采样地点：徐闻）

松鲷

Lobotes surinamensis (Bloch, 1790)

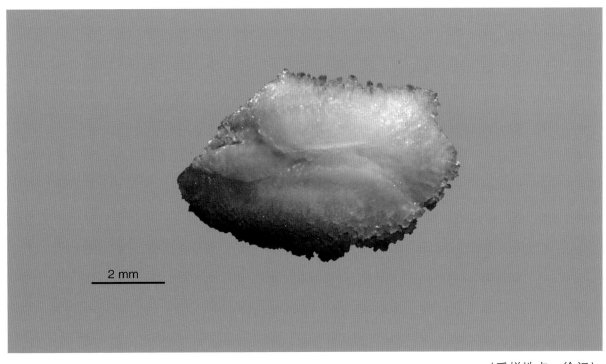

2 mm

（采样地点：徐闻）

长棘银鲈

Gerres filamentosus Cuvier, 1829

1 mm

（采样地点：徐闻）

缘边银鲈

Gerres limbatus Cuvier, 1830

1 mm

（采样地点：珠江口）

长圆银鲈

Gerres oblongus Cuvier, 1830

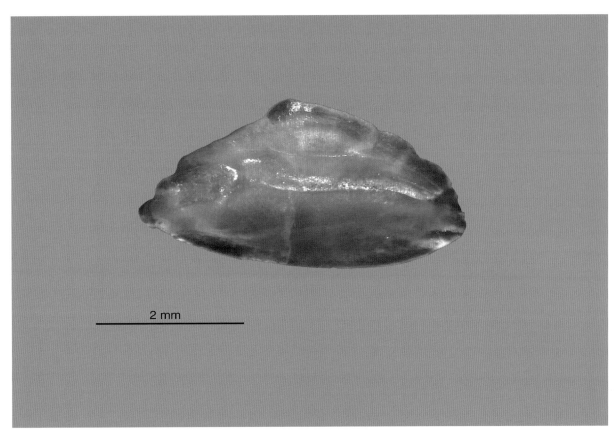

2 mm

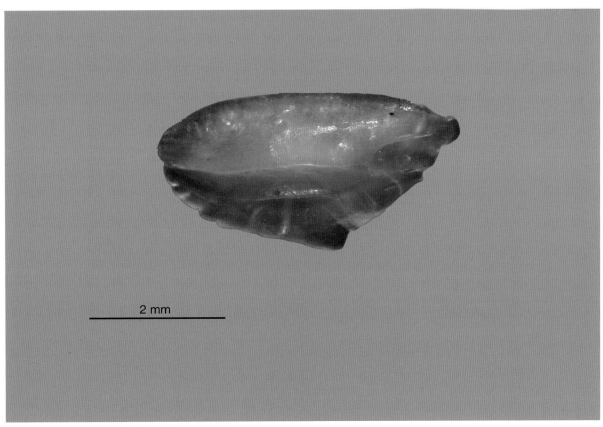

2 mm

（采样地点：徐闻）

白鲳

Ephippus orbis (Bloch, 1787)

1 mm

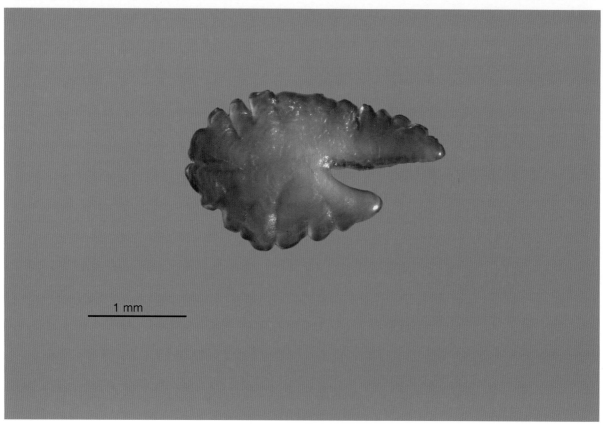

1 mm

（采样地点：珠江口）

短带鱼

Trichiurus brevis Wang & You, 1992

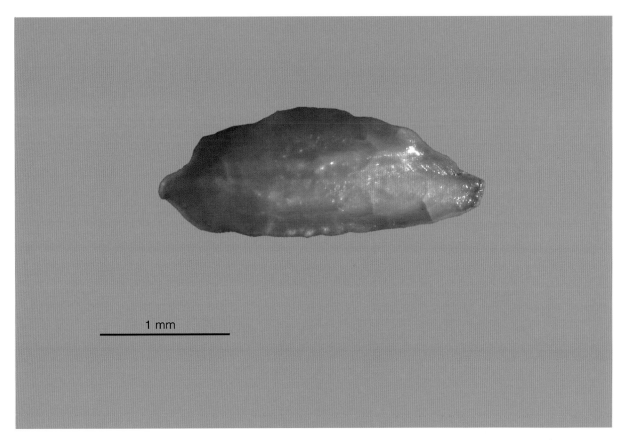

1 mm

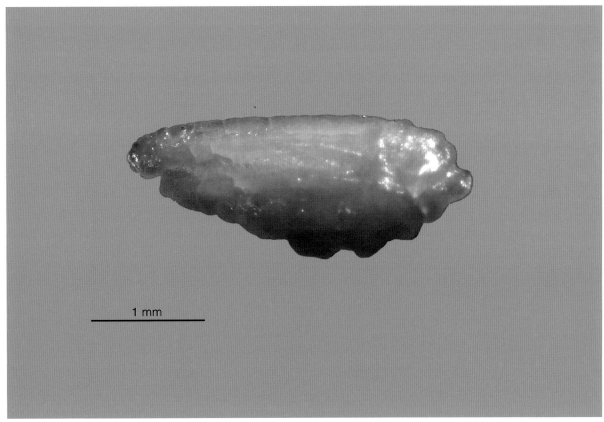

1 mm

（采样地点：珠江口）

高鳍带鱼
Trichiurus lepturus Linnaeus, 1758

1 mm

（采样地点：珠江口）

黄斑光胸鲾
Photopectoralis bindus (Valenciennes, 1835)

1 mm

（采样地点：珠江口）

短棘鲾

Leiognathus equulus (Forsskål, 1775)

2 mm

2 mm

（采样地点：珠江口）

短吻鲾

Leiognathus brevirostris (Valenciennes, 1835)

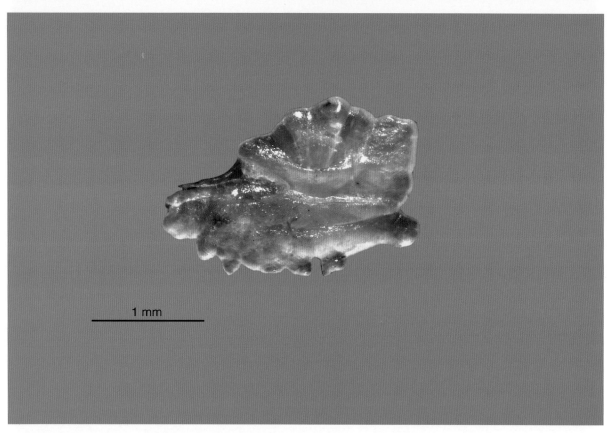

1 mm

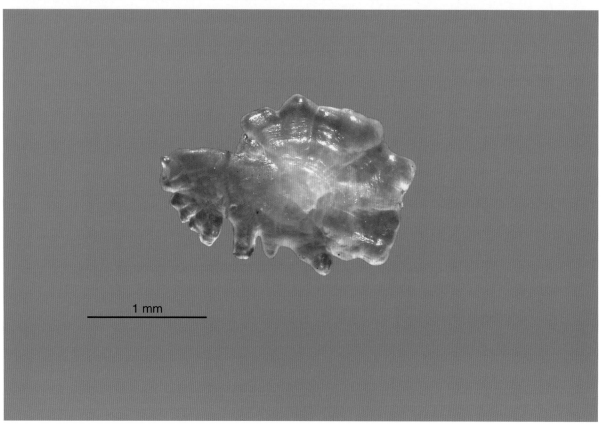

1 mm

（采样地点：珠江口）

鹿斑仰口鲾

Secutor ruconius (Hamilton, 1822)

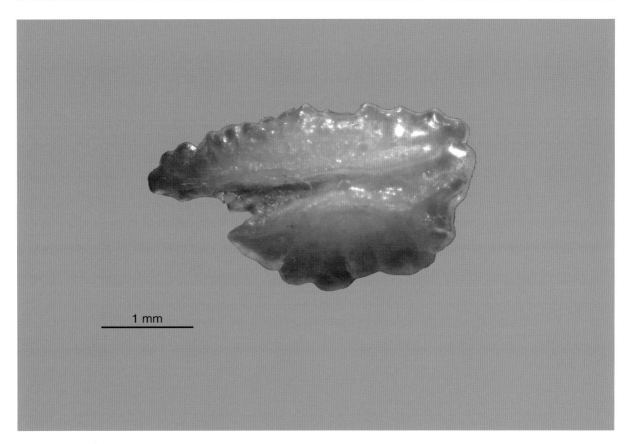

1 mm

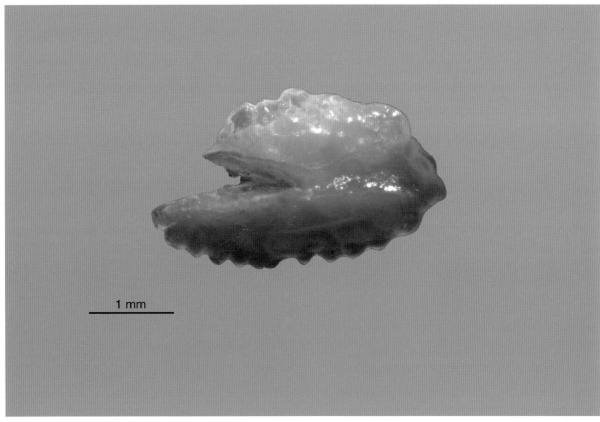

1 mm

（采样地点：珠江口）

静仰口鲾
Secutor insidiator (Bloch, 1787)

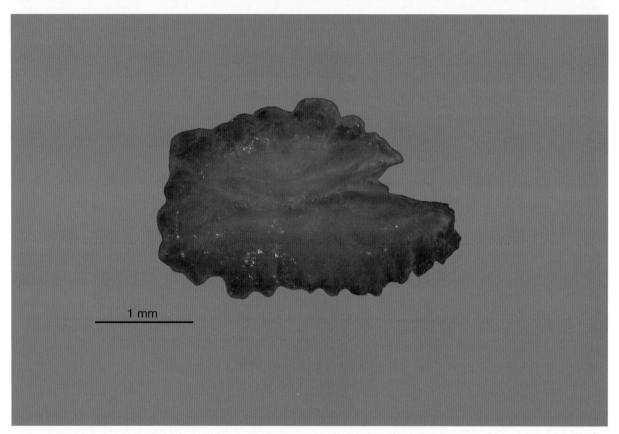

1 mm

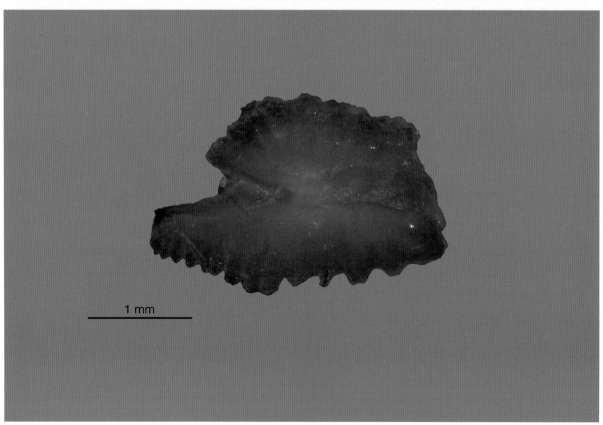

1 mm

（采样地点：珠江口）

红狼牙鰕虎鱼

Odontamblyopus rubicundus (Hamilton, 1822)

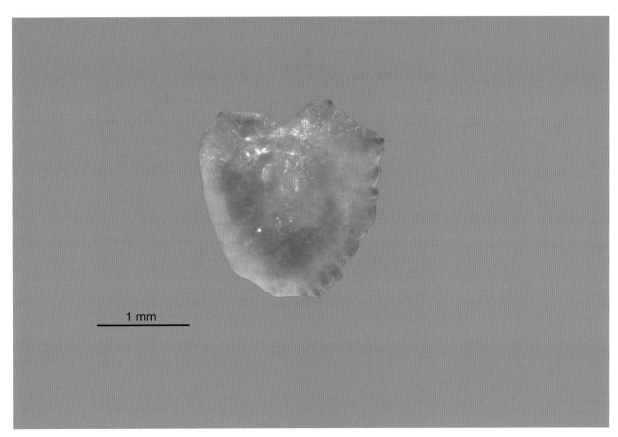

1 mm

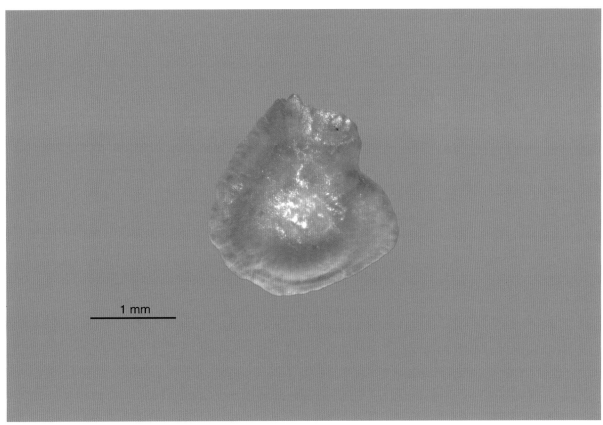

1 mm

（采样地点：珠江口）

裸头双边鱼

Ambassis gymnocephalus (Lacepède, 1802)

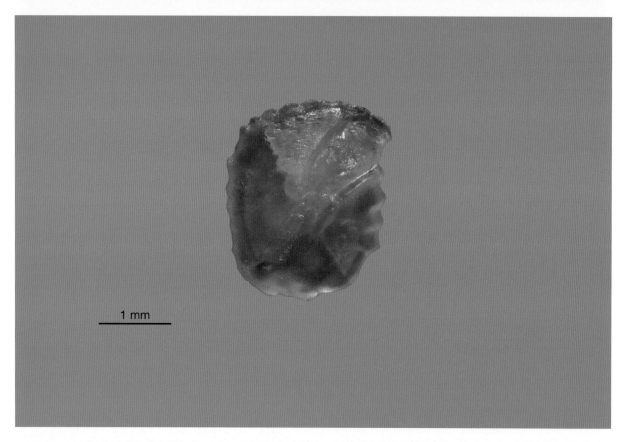

1 mm

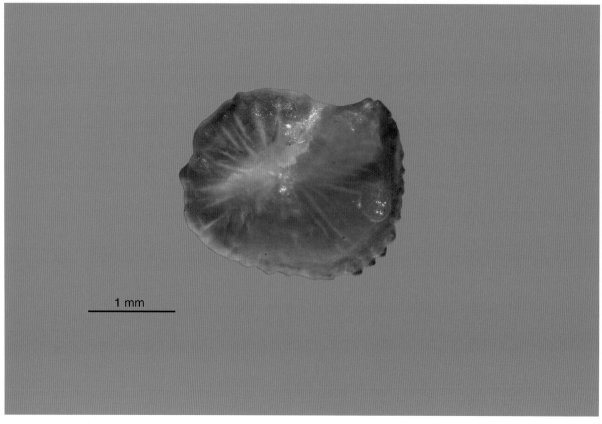

1 mm

（采样地点：珠江口）

二长棘鲷

***Paerargyrops edita* (Tanaka)**

1 mm

1 mm

（采样地点：珠江口）

平鲷

Rhabdosargus sarba (Forsskål, 1775)

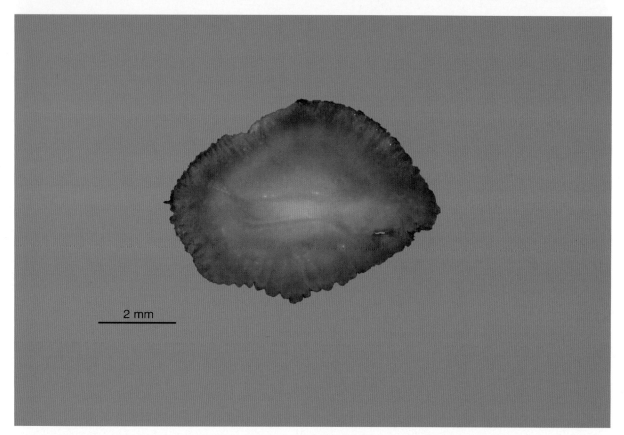

2 mm

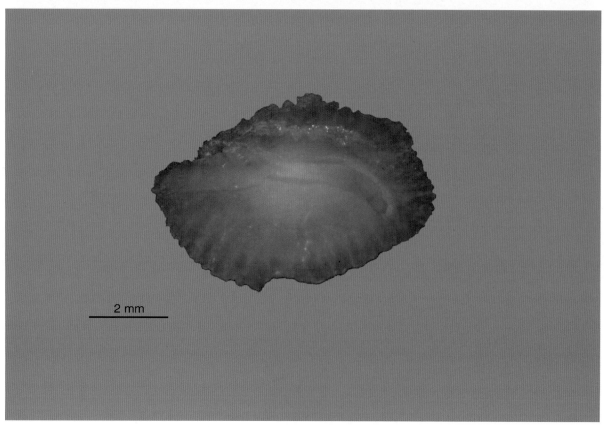

2 mm

（采样地点：珠江口）

Pleuronectiformes

鰈形目

繁星鲆

Bothus myriaster (Temminck & Schlegel, 1846)

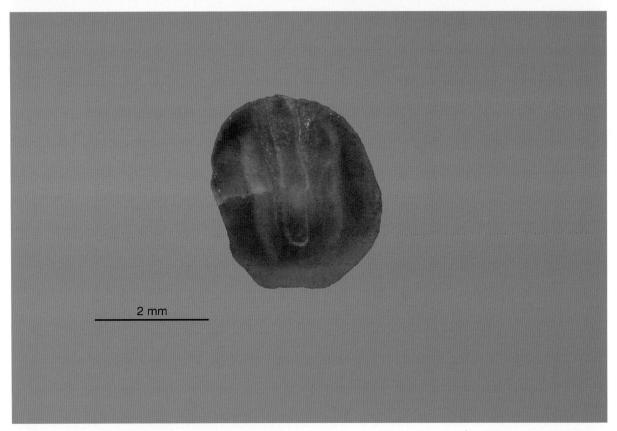

2 mm

2 mm

（采样地点：美济礁）

高本缨鲆

Crossorhombus kobensis **(Jordan & Starks, 1906)**

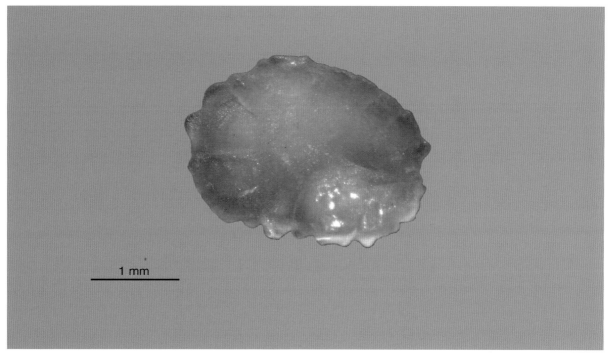

1 mm

（采样地点：珠江口）

少牙斑鲆

Pseudorhombus oligodon **(Bleeker, 1854)**

1 mm

（采样地点：珠江口）

五目斑鲆

Pseudorhombus quinquocellatus Weber & de Beaufort, 1929

（采样地点：珠江口）

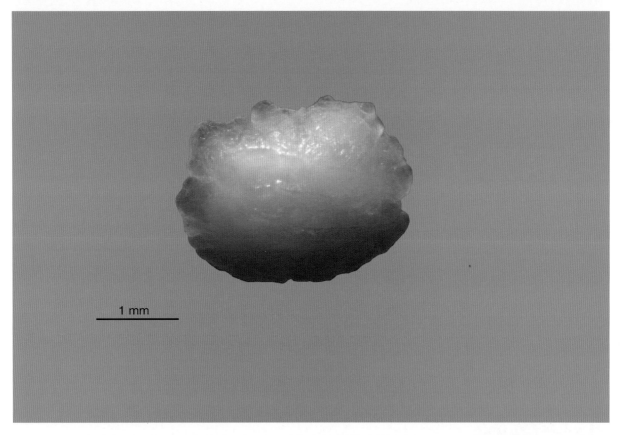

1 mm

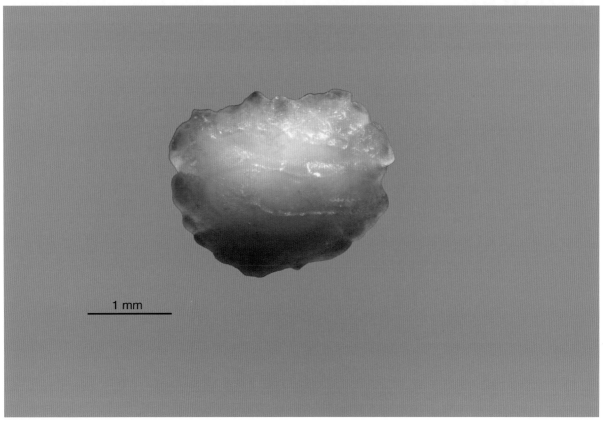

1 mm

（采样地点：珠江口）

五眼斑鲆

Pseudorhombus pentophthalmus Günther, 1862

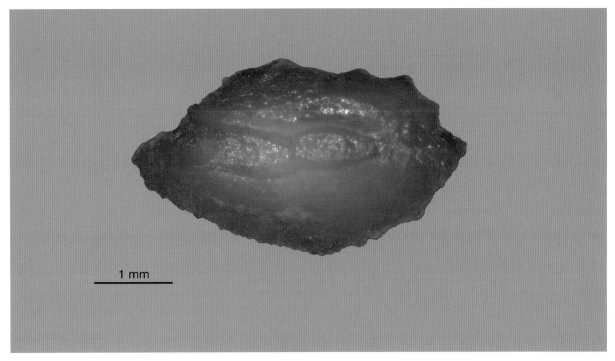

1 mm

（采样地点：珠江口）

圆鳞斑鲆

Pseudorhombus levisquamis (Oshima, 1927)

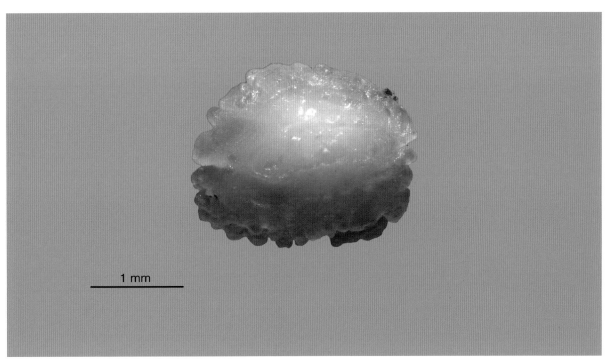

1 mm

（采样地点：珠江口）

大口鲽

Psettodes erumei (Bloch & Schneider, 1801)

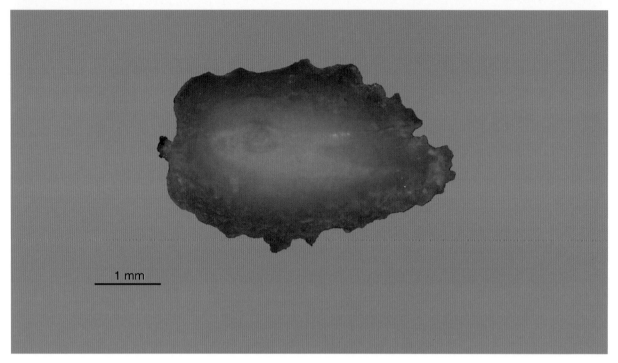

1 mm

（采样地点：珠江口）

峨嵋条鳎

Zebrias quagga (Kaup, 1858)

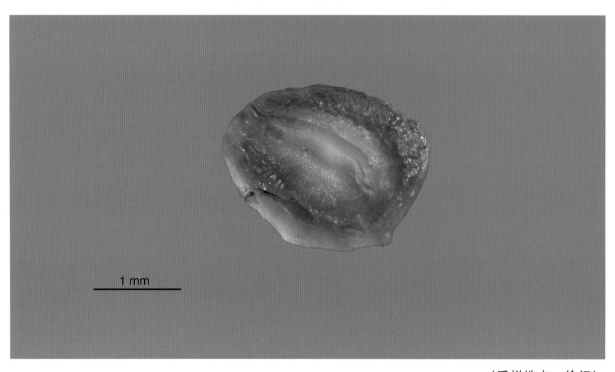

1 mm

（采样地点：徐闻）

黑鳃舌鳎

Cynoglossus roulei Wu, 1932

1 mm

（采样地点：珠江口）

Siluriformes

鲇形目

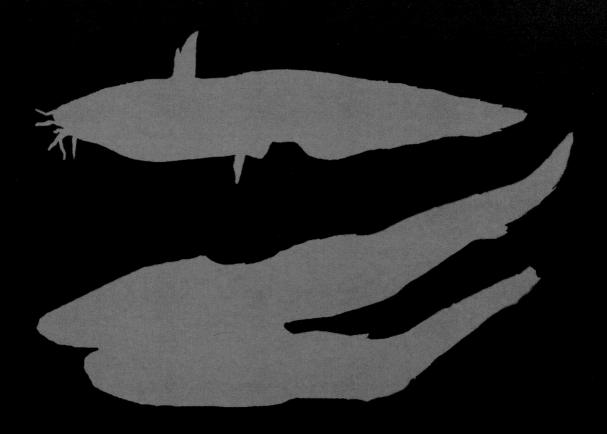

线纹鳗鲶

Plotosus lineatus (Thunberg, 1787)

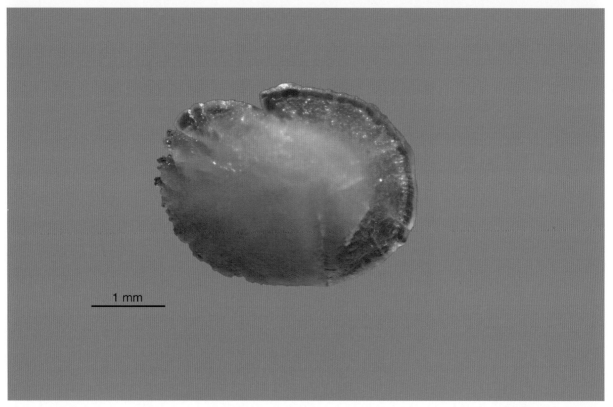

1 mm

（采样地点：徐闻）

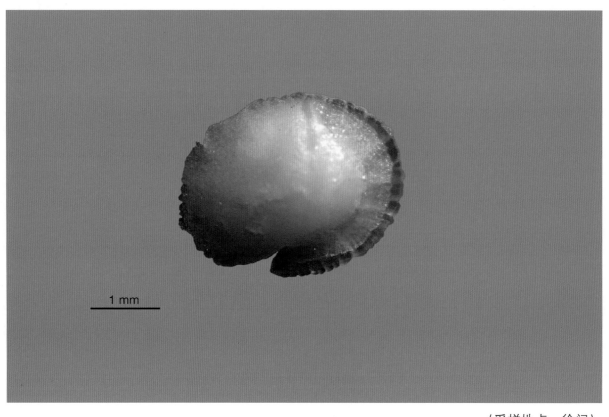

1 mm

（采样地点：徐闻）

鲉形目

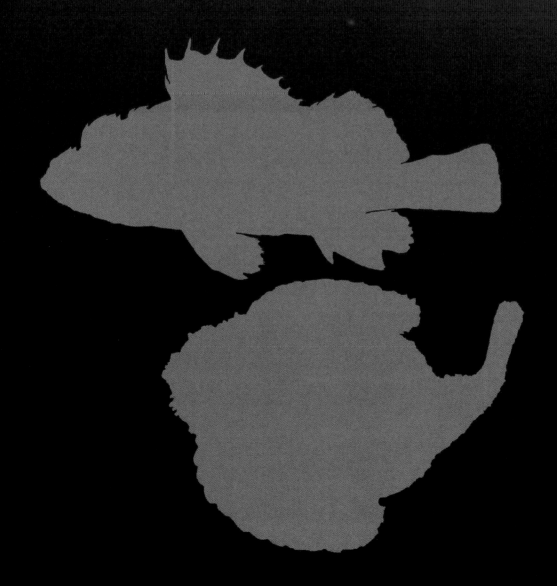

须拟鲉

Scorpaenopsis cirrosa (Thunberg, 1793)

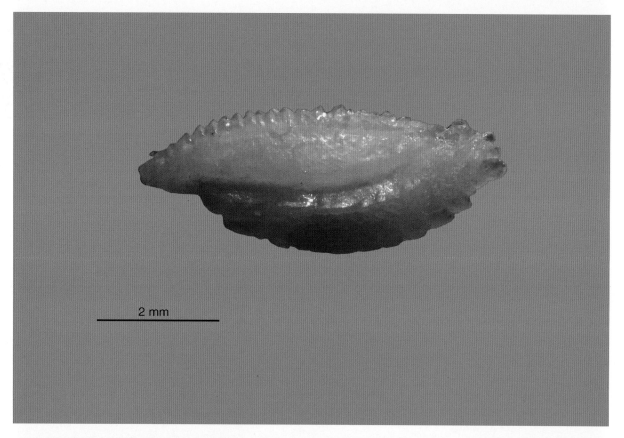

2 mm

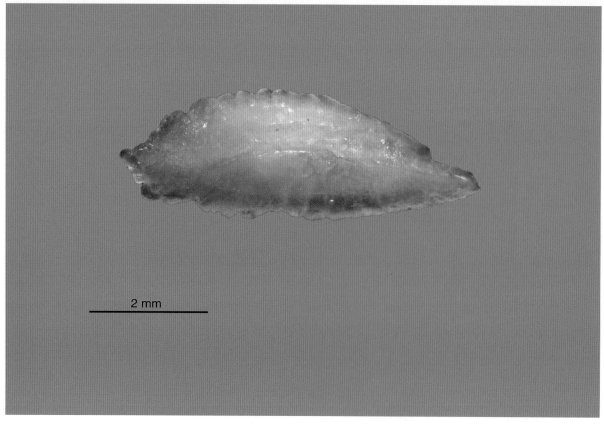

2 mm

（采样地点：珠江口）

魔拟鲉

Scorpaenopsis neglecta Heckel, 1837

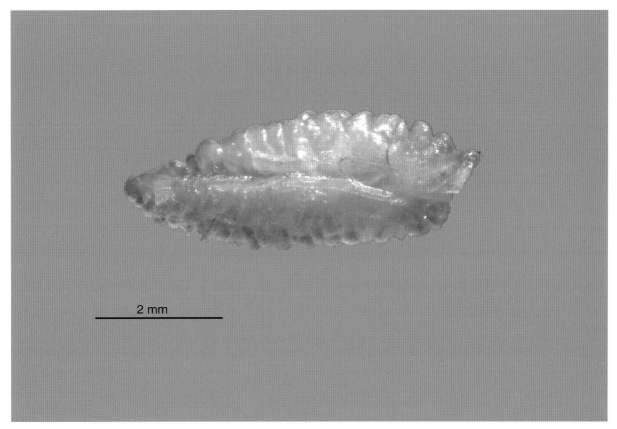

2 mm

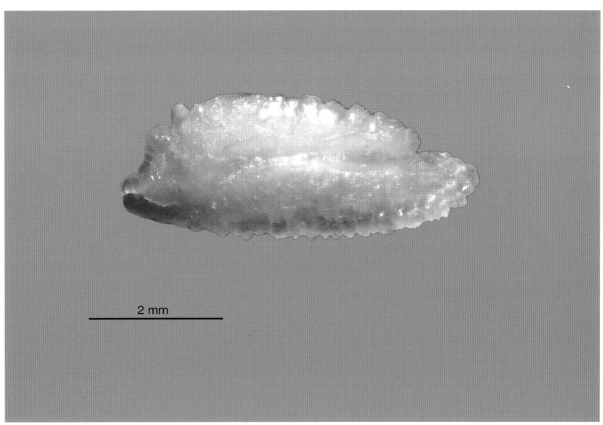

2 mm

（采样地点：珠江口）

毒拟鲉

Scorpaenopsis diabolus (Cuvier, 1829)

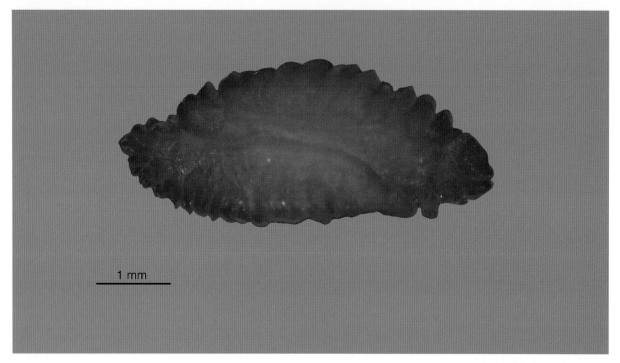

1 mm

（采样地点：珠江口）

褐菖鲉

Sebastiscus marmoratus (Cuvier, 1829)

2 mm

（采样地点：徐闻）

斑鳍圆鳞鲉

Parascorpaena mcadamsi (Fowler, 1938)

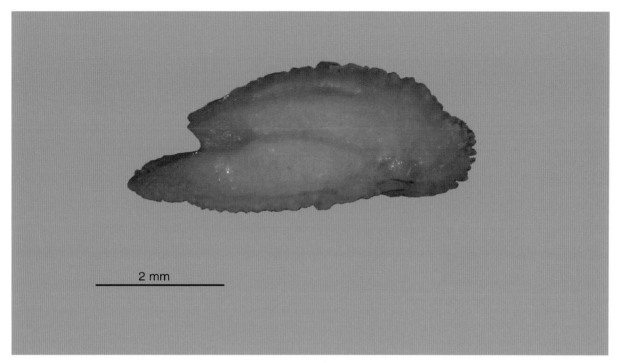

2 mm

（采样地点：珠江口）

红鳍拟鳞鲉

Paracentropogon rubripinnis (Temminck & Schlegel, 1843)

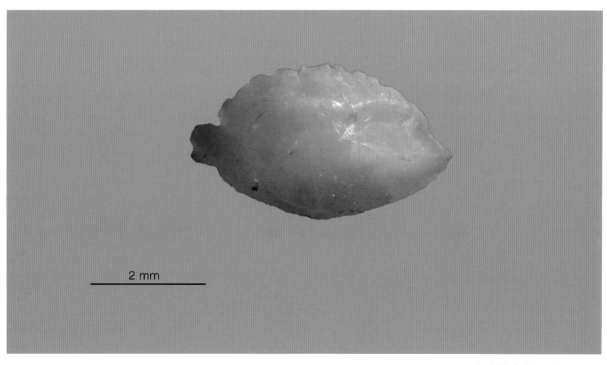

2 mm

（采样地点：珠江口）

花彩圆鳞鲉

Parascorpaena picta (Cuvier, 1829)

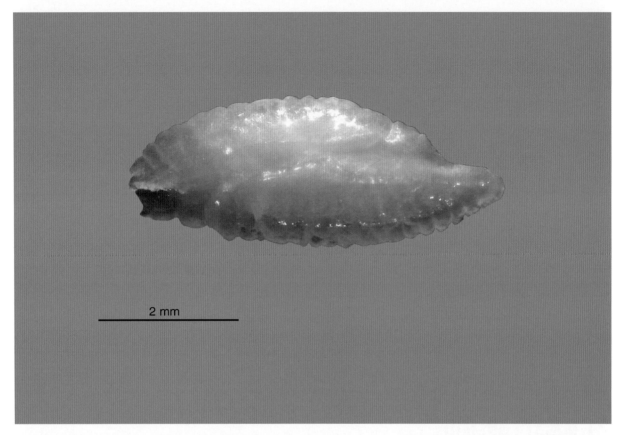

2 mm

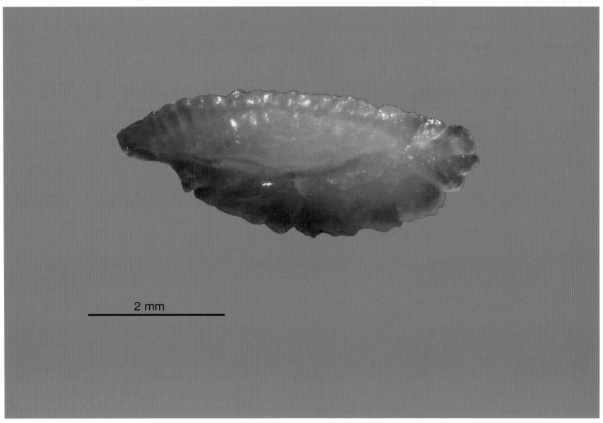

2 mm

（采样地点：珠江口）

花斑短鳍蓑鲉

Dendrochirus zebra (Cuvier, 1829)

2 mm

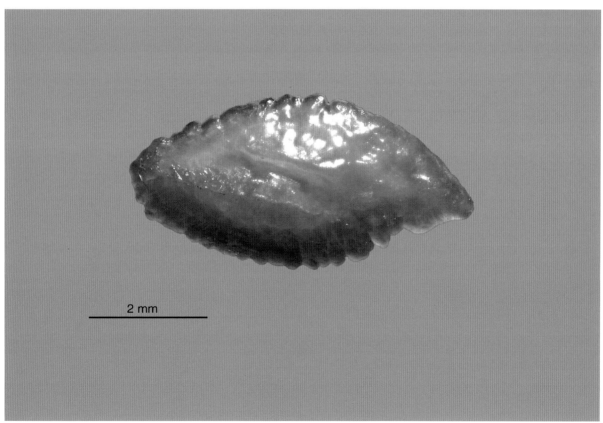

2 mm

（采样地点：珠江口）

日本小鲉
Scorpaenodes evides (Jordan & Thompson, 1914)

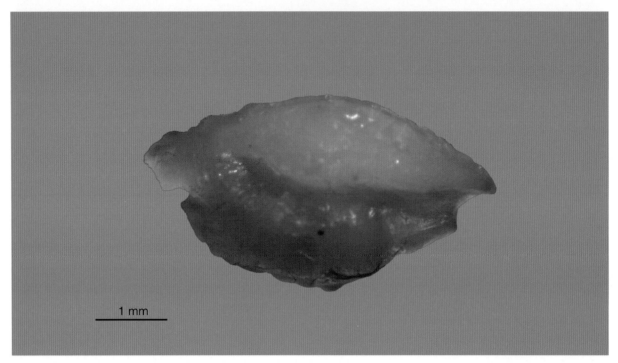

1 mm

（采样地点：珠江口）

琉球角鲂鲱
Pterygotrigla ryukyuensis Matsubara & Hiyama, 1932

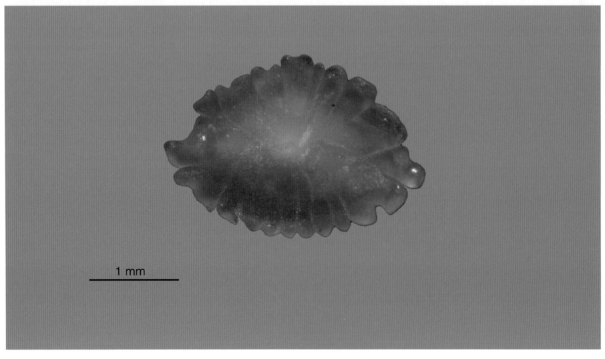

1 mm

（采样地点：珠江口）

单棘豹鲂鮄

Dactyloptena peterseni (Nyström, 1887)

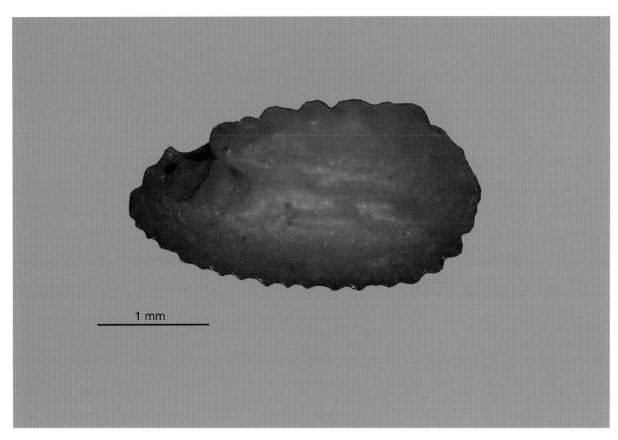

1 mm

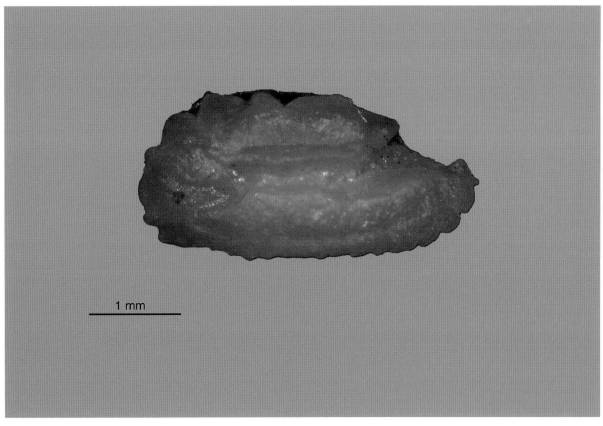

1 mm

（采样地点：珠江口）

鲬

Platycephalus indicus (Linnaeus, 1758)

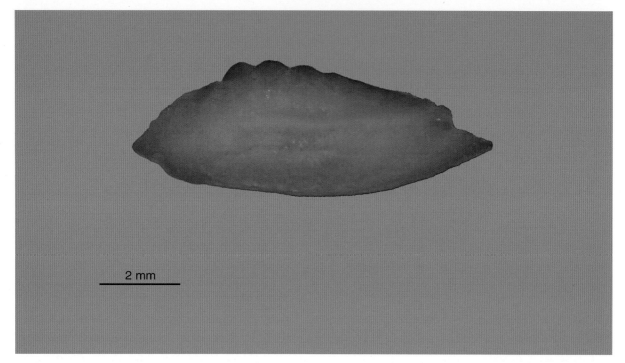

2 mm

（采样地点：珠江口）

大眼鲬

Suggrundus meerdervoortii (Bleeker, 1860)

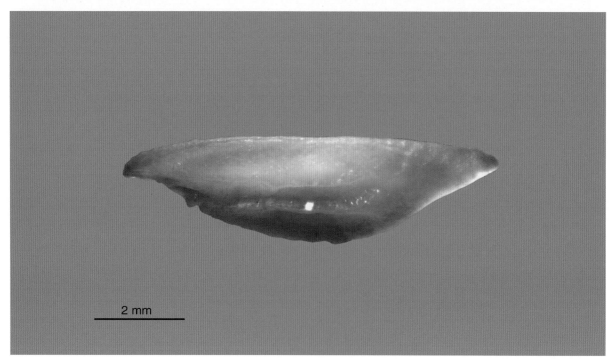

2 mm

（采样地点：珠江口）

凹鳍鲬

Kumococius rodericensis (Cuvier, 1829)

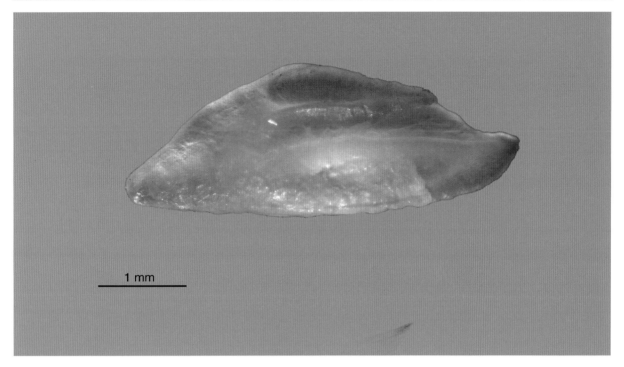

（采样地点：珠江口）

斑瞳鲬

Inegocia guttatus (Cuvier et Valenciennes ,1829)

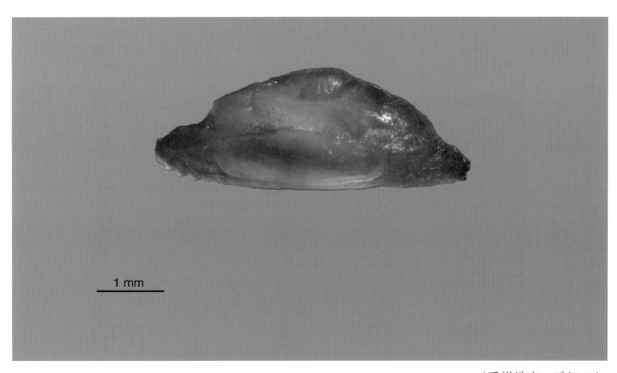

（采样地点：珠江口）

鳄鲬

Cociella crocodila **(Cuvier, 1829)**

（采样地点：徐闻）

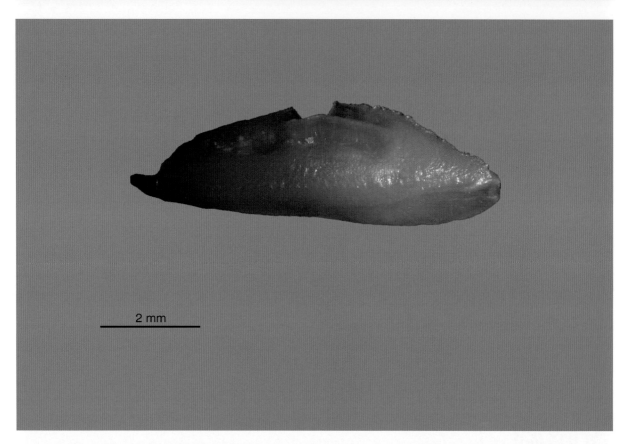

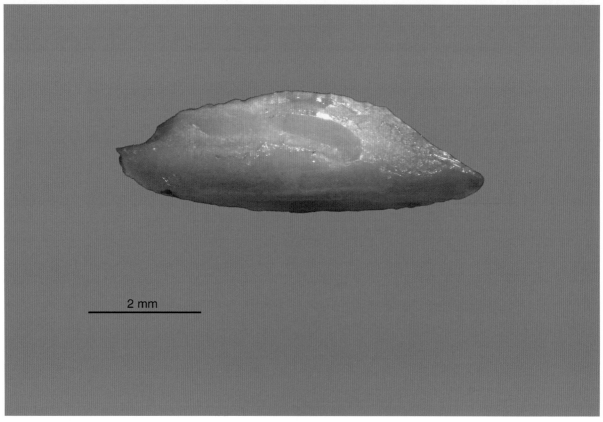

2 mm

2 mm

大鳞鳞鲬

Onigocia macrolepis **(Bleeker, 1854)**

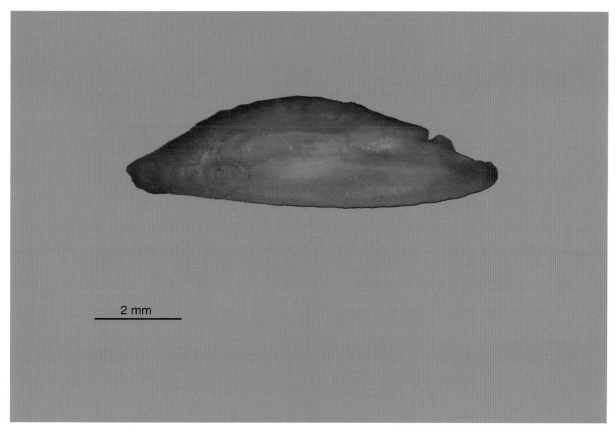

2 mm

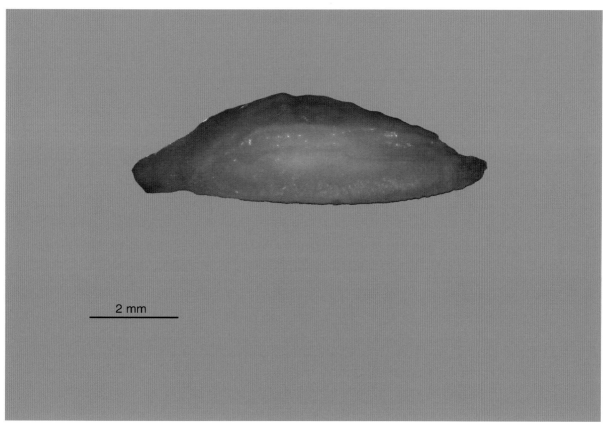

2 mm

〔采样地点：珠江口〕